天下文化

BELIEVE IN READING

科學文化 131A | Science Culture

時光旅人

TIME TRAVELER

A Scientist's Personal Mission to Make Time Travel a Reality

by Dr. Ronald L. Mallett
Bruce Henderson

陳可崗 譯

時光旅人　目錄

「搭乘比空氣重的機器在空中飛行……就算不是完全不可能，也是不切實際的。」十九世紀一位偉大的科學家，約翰霍普金斯大學的天文學教授紐康如是說。

紐康的一生，花了許多時間在改良月亮及行星軌道表，他深信人類必須先發現一種新金屬或某種未知的自然力，然後才可能飛上天。他預料，即使發明出來一種「強力的機器」把人帶離地面，那機器也會如「死物」一樣墜落下地，所有搭乘的人都會被摔死。

紐康有關人為飛行是不可能的評論，發表於一九〇二年。

一年之後，萊特兄弟證明大科學家紐康錯了。

前言

二〇〇二年六月二十五日　首都華盛頓

首都華盛頓的夏季悶熱得可怕。那天，又是一個炎熱潮濕的天氣，我來到市區內霍華德大學熙攘的校園，走進一間大型的視聽教室。教室裡有空調，階梯型的座位從講壇前一排排向上延伸，形成如同戲院般圓弧式的席位。我將要在這裡發表我一生中最重要的演講。

我從十一歲開始，就祕密懷著一個私人的夢想，只對幾個親近的人說過。我是康乃狄克大學的物理教授，長時間以來，由於害怕會自毀事業前程，一直不敢向同仁透露我個人的夢想，直到最近才開始向外公開，希望將人們最鍾愛的科學幻想轉變成科學事實。倘若我早就讓人知道這個夢想，恐怕就得不到現已擁有的教授終身聘約了。

時間到了，我馬上就要對約五十位世界頂尖的物理學家談話，他們聚集在這個「第三屆國際相對論性動力學雙年會」中，聽我詳細說明我的研究計畫，這個計畫終將實現我畢生的目標。如果我只是告訴他們，我深信本世紀將是「時光旅行」的世紀，猶如二十世紀是太空旅行的世紀一般，那是不夠的。不行，這群聽眾要的是真憑實據。

我的研究工作在過去一年漸漸為人知曉，這無疑是我受邀來這兒，向這個受尊敬的團體發表論文的原因。這個團體的宗旨是「對與粒子物理、場論的古典理論及量子相對論性動力學有關的研究計畫，進行播種及收成」。然而，雖然我的研究已在各式各樣的出版物上廣受報導，包括《新科學家》、《村聲》、《波士頓環球報》、《華爾街日報》、《滾石》雜誌、甚至莫斯科的《真理報》等等。但那些報導對參加這個聚會的人而言，根本算不了什麼，甚至還可能令他們皺起眉頭呢。

高坐在階梯座位上，向下對我盯著看的聽眾，有幾位是我們相對論物理學領域中最重型的打擊手，像是：狄維特，他是德州大學奧斯汀分校相對論中心主任，也是早期量子重力理論的創立人之一；喬治亞理工學院的芬克斯坦，他也有許多重要的貢獻，其中包括以小說的方式說明黑洞理論；以及霍維茲，他是以色列特拉維夫大學的教授，很有影響力，主持過上屆的大會，也在相對論性量子力學方面有許多重大貢獻。

雖然我的研究工作確實以愛因斯坦的廣義相對論為基礎（這堅實的地基讓所有物理學家可以站得住腳），但所提出的結論則是可以議論的。這群聽眾期待看到方程式與結論，這些方程式與結論讓我深信我已經在理論上有所突破，可以設計出第一部可用的「時光機器」。

過去幾個星期，我為了妥善準備，每天花費十二至十五小時在計算上，我把數據弄到投影片上，打算在報告時投影出來。如果我的數學沒有搞對，這群專家會立刻指出，過程也不會太客氣。如果我在計算上出錯了，並且逸出方向，我會立即被打斷，當面受到批評：「教授，你的方程式錯了！」而不是用客套的建議式用語。這裡是物理學的世界，畢竟我們是物理學家，不是心理治療師。

我排在上午十點鐘上台講話，非常糟糕的是，我在次序表上發現狄維特教授排在我的前面，發表他的論文〈量子力學的艾弗雷特詮釋〉，內容是討論宇宙是多重世界或平行世界的。我必須緊隨這樣一位世界知名的學術明星之後上講壇，讓我體驗到當年洋基隊中，在貝比．魯斯之後上場打擊的選手，心中的感受。

聽到狄維特教授一開始就說，一個演說者只需要用六張投影片來討論他的見解時，我立刻就知道我遇到麻煩了。當然，他帶上台的投影片正好是六張。我難過得低頭看看我那個鼓起的講義夾，裡頭擠壓著二十六張投影片。狄維特教授接著說，他經常告訴他的研究生，不必把對一個題目的全部所知都向聽眾說明。我開始告訴自己要「撐」下去。

狄維特教授是理論物理學的先鋒及權威，於一九五〇年獲得哈佛大學的博士學位。他高瘦且活力充沛，曾經到過喜馬拉雅山區及非洲徒步旅行，第二次世界大戰期間還是個參與作戰的飛行員，戰後在著名的普林斯頓高等研究院做研究，恰好是愛因斯坦在那兒定居及做學術研究的時候。

狄維特教授的同仁常用「優雅」二字來形容他在物理學中使用數學的風格，這絕對是讚美。他作品的優雅，顯現在物理論述的自然流暢上，而他的方程式悅目的對稱，更是美麗。我當研究生的時候就學到，在物理學中呈現出優雅與美麗，幾乎和構思是否正確同等重要。狄維特教授的演說提及量子力學最奇異的申論之一：平行世界有可能存在。時光旅行能否成真，這論述扮演很重要的角色，因此我全神貫注仔細傾聽。

量子力學是討論能量突然改變的力學，換句話説，能量不是連續的增加或減少，而是只在達到合適的數量時才開始變化。一九一三年，常受尊稱為「量子力學之父」的丹麥物理學家波耳[1]提出，在氫原子中，電子環繞質子旋轉的軌道，只在增加或減少某一定量的能量（不可多也不可少）時才會改變，這個固定的能量稱為量子，又叫做不連續性能量。

一九五七年間，物理學家艾弗雷特[2]才剛從普林斯頓大學畢業，他首先把量子力學應用到整個宇宙學上，從而得到他的多重世界（又稱平行世界）的量子力學詮釋。

簡言之，量子力學所見到的世界是機率的世界。在我們日常生活的世界中，當棒球投手投出球，我們可以精確描述出，球在哪裡及如何飛行。在量子力學的世界裡，我們只能説下一步可能發生什麼，因為我們無法確切知道物體到底將做些什麼。

艾弗雷特把量子力學應用到全宇宙上，他發現每逢一樁事件的結果有可能不止一個的時候，宇宙便有分裂的潛勢。舉例而言，假使午餐時你要從乳酪漢堡與鮪魚三明治中二選一，據艾弗雷特的說法，在你決定的瞬間，這宇宙即分裂為二。其中之一是你選擇吃乳酪漢堡的那個宇宙，同等真實的另一個宇宙是你選擇吃鮪魚三明治的宇宙。這些新的宇宙是平行而分離的，在享受乳酪漢堡的宇宙中的那個你，並不知道在吃鮪魚三明治的分離宇宙中的另一個你。雖然平行宇宙的想法聽來難以置信，但它完全符合量子力學已證明的諸多理論。

我和在座的每一個人一樣，對於艾弗雷特的平行宇宙理論相當熟悉，也曾多次舉乳酪漢堡與鮪魚三明治的例子，向一般聽眾闡釋該理論。然而，當狄維特教授使用如「宇宙的波函數」這樣的觀念來討論時，我依然受他熟練而高超的技巧所吸引。狄維特教授的演講結束後，輪到我走上講壇，我沒忘記他剛剛宣布過，一個演說者需要的投影片不超過六張，而且演說者不必向聽眾說明對講題的全部所知，我決定正面對付這個狀況。「只是讓你們曉得一下，我的投影片沒超過六十張。而且當我發覺狄維特教授在座時，感覺猶如回到了研究所時代，必須把我對這題目所知的每個細節都向他報告。」

狄維特教授及全體聽眾都笑起來，我趁機大大吸了一口氣。

我以回溯愛因斯坦廣義相對論的幾個要點起頭，對在座的相對論物理學家演說，這無異於向天使講道。接下來，我以愛因斯坦的理論為基礎，描述我自己的理論，用投影片顯示圖片、方程式及結論。我的結論是，看來我們能以全新的方法操控空間與時間，這將使回到過去的旅行成為可能。

一陣滿足的思潮向我襲來——我和我的夢已走過漫漫長路。

然後，我覺察前面上方的座位傳來鉛筆在紙上劃過的沙沙聲，我敬重的同仁們正忙著匆匆記下我的演算。

第一章　父親猝死

對我而言，於一九五五年五月二十二日的午夜，時間停頓了。幾小時前，我的雙親，博伊德和桃樂西，才慶祝過他們的結婚十一週年紀念。我媽媽是宴會裡的媽媽中最美麗的一位，而我崇拜我聰明能幹的爸爸。那晚他們看來十分快樂，而且毫無疑問的，他們彼此十分相愛。

我和兩個弟弟都明白我們十分受疼愛，我所能憶及最早的事，是我們全家在附近公園裡快樂的野餐。

那是一個星期六的晚上，我的父母親邀請了幾十個親友來我們的公寓。我們住在紐約市布朗士區哈樂德路一四五五號，一幢新的國宅裡。那晚我們家充滿了音樂與歡笑，母親準備了一隻火雞和各式各樣的配菜，大人們調製波本雞尾酒、說故事、講笑話、抽雪茄。父親是出名的惡作劇者，也是聰明的電子奇才，他把喇叭裝在房子的每個角落，連浴室也裝了一個，每當掀起馬桶蓋時，就有音樂播放出來。

天黑了，孩子們給趕回房間，我舒適的蜷伏在床上，很快就伴著幸福及安全感入眠了。

我父親有偉大的人生計畫，我們的未來似乎充滿光明，再過幾個月我們就會搬到長島，爸爸打算在那兒開一家電視修理店。爸爸是工作勤奮的人，他兼兩份工，白天在西格馬電子公司上班，晚上及週末替人修理電視機。他的技術高超，似乎工作上碰到的每件問題都能迎刃而解。他參加過曼哈坦新聯合國大廈的配線工程，也曾應傑奇·古柏和華特·馬修這類影視名人之召，去修理他們的電視機，這兩位名流都贈送自己的簽名照給爸爸，表達謝意。

爸爸親手組裝了我們的第一台電視機，上面裝置放大屏幕使影像變大。不久之後，又給住在賓州的外婆家送去一台，是他們鎮上最早的電視機之一。我外公最喜歡的消遣，立刻變為收看電視上的女子滑輪隊飆速競賽，每當看到滑輪選手相撞飛出跑道時，他都會高興得大聲喝采。

我父親是體格強壯的英俊男子，嗓音卻是柔和的男中音，他天生給人一種溫暖的感覺，具有敏銳的好奇心且和藹有禮，雖然他每天工作的時間很長，但從不會因太累而不想回答我的問題。他在十二歲的時候就失去了父親，我祖父由於成年後長期在製磚廠工作，吸入了過多的矽塵，後來罹患矽肺病而死，只活了四十三歲。我很早就發覺父親深受不圓滿的童年所影響，他決心使自己及他的孩子，從卑微的勞工生活中熬出頭，而且似乎也為他自己可能早死而憂心忡忡。

母親和父親同在賓州中部，一個叫做克雷斯堡的鄉村長大，進入同一所學校讀書。克雷斯堡的黑人主要住在鎮內的貧民區，以及遠離鎮中心一個叫「野地」的區域。父親的寡母就住在鐵路旁貧民區的公司宿舍裡，母親的家在「野地」那兒擁有一座小小的養雞場。我的祖父母艾拉和依塔，外祖父母威廉和萍琪，都是在密西西比州長大，於一九一七年逃離種族歧視，一起來到北方尋求較好的生活；他們最後落腳在克雷斯堡，和當地的大多數男人一樣，祖父及外祖父都去磚廠製磚。

就因為兩家人關係密切，當我的雙親相愛時，似乎每個人都認為這是理所當然的。我父親受徵召從軍之前他們結了婚，到他出征海外時我母親也懷了孕。爸爸是戰鬥救護兵，美軍在一九四五年首次渡過萊茵河作戰，爸爸服役的單位就隸屬其中。雖然我從未親耳聽他提起過，但日後據母親透露，爸爸有時會受戰場上目睹的痛苦及死亡的記憶糾纏。強渡萊茵河後沒幾星期，他當了父親：我於一九四五年三月三十日誕生於賓州怒泉市。

戰後，爸爸賴退伍軍人助學金在一間紐約電子學校註冊上課，並擔任我們公寓的管理員以抵免租金。學得一技之長後，他總能覓得好工作，讓母親留在家中照顧日益擴充的家庭。我的弟弟傑森小我一歲，三年後基斯也來報到，然後是依芙，她比我小八歲。

爸爸強調教育的重要，他會考我一些問題，例如背誦九九乘法表之類，要通過他的測驗才能拿到應有的二十五分零用錢。有一回我答錯太多，他就領我到客廳窗前，下面剛好正在建築一條新的公路，我可以清楚看到工人彎腰費力的挖溝渠，爸爸指著那群工人問我：「那就是你想要做的工作嗎？」我說不是，「那麼你最好認真點背九九乘法表和讀書！」

有一天，爸爸帶回一套附有耳機的晶體收音機，跟我一起把它安裝在我的房間裡。只要調動一枚小小的線圈，便可以收聽到調頻電台，這一架機器是怎麼從空中捕捉到遠處來的信號呢，我覺得不可思議極了。雖然客廳裡有一台立地的無線電，但我的晶體收音機似乎更讓我著迷，因為它既是那麼小巧，又是我親手做的。

父親送給我的另一個紀念品，是一個金屬輪盤的陀螺儀，它有一根繩子可以拉動旋轉軸，一拉扯繩子，金屬輪盤便在一根小支柱上飛舞，直到停止旋轉為止。我仔細觀察，顯然是由於旋轉之故，輪盤才能維持不墜，但這又是為什麼呢？父親告訴我，關於自轉能量和旋轉軸等等，對我解釋一些很陌生的專有名詞，由於他舉的例子簡明易懂，我一聽就覺得很有道理。

在父母親生命中的這個轉折點，他們對將來有很多美好的期待：四個健康的子女、父親的新事業、郊區的生活等等。我們的前一個聖誕節過得很快樂，父親加班賺外快，因為他喜歡看到聖誕樹下堆滿禮物；對他而言，讓我們相信有聖誕老人是很重要的事，可是那時候我已開始猜想，父親必定有幫那位胖胖的白鬍子老公公一點小忙；因為聖誕樹下有軌道環繞，軌道上面奔馳著一列電動火車，可以用聲音指揮它前進或停止。

父親並非總是派對上的靈魂人物，他有時候寧願單獨靜靜坐在暗處，對著錄音機唸詩，同時播放一些歌劇當背景音樂。在這種場景下，他看來十分悲傷，我當時無法瞭解他為何如此，但對於他那時不快樂的原因，我在日後的歲月裡拼湊出了一些可能性。

母親後來告訴我，在慶祝他們結婚週年的那個星期六晚上，客人散了後，因為大家都累了，她建議翌日早晨起來再收拾房子。父親說翌日早晨還要上教堂，他情願就寢前先收拾好，於是就立即動手了。他們一邊工作一邊商量即將來臨的假期：我們準備去克雷斯堡渡假。母親想要坐火車或搭巴士去，父親喜歡開車，不久前我們才剛買了第一輛車，一直很享受星期日的駕車出遊。

我總是很高興回克雷斯堡看望尚在世的祖母及外祖父母，我們整個夏天都留在那裡，父親則在兩週休假期間加入我們。弟弟們和我帶著堂兄弟奔跑在田野與山丘間，陶醉在廣闊的曠野中。父親與外公處得很好，喜歡彼此為伴，我記得一個常見的景象是，父親躺在院子裡的椅子上看電子期刊。記憶中，克雷斯堡總是麗日當空，我們就那樣度過一個個懶洋洋的夏天。

父母親那天晚上進了臥室還在討論渡假的事，當母親把床頭燈關掉時，她還聽到父親深深歎了口氣，媽媽以為爸爸因她堅持不肯讓他駕車而惱怒，就說：「好啦，先睡啦，我們明天再討論吧。」她逗弄般輕推了他一把，他的頭卻像一袋麵粉似的垂落了下來。

我被母親的輕呼聲驚醒，連忙起床探個究竟。

我才走到走廊上就聽到母親嗚咽喊叫：「啊，博伊德，博伊德！」她在廚房裡，燈已經亮著，我聽到一種奇異的聲音，看見她旁邊有一個警察。走廊的另一頭是父母親的臥室，從我的房間出來，向左會走到廚房，向右則是到他們的臥室。

我向右走，推開他們的房門，走進黑暗的房間裡。

父親蓋著被，一動都不動，可是我覺得他看來很正常，他正在熟睡嗎？我繞到床頭，弟弟們靜悄悄隨在我身後。在我伸手摸父親之前，一個警察走進來叫我們出去，他領我們到廚房，母親坐在餐桌前傷心的搖著頭，手拿一疊紙巾輕拭紅腫的雙眼。

我們三個男孩在母親面前一字排開，她深吸一口氣後，抬頭對我們說話，雖然我沒有完全記住她說的每一個字，但總歸她告訴我們，父親死了。我記得當時感覺彷如墜入一場掙脱不了的夢魇，其後的每樁事情，事實上都像做夢一般，我的回憶充滿了瞬間、片段的印象——有些令人害怕，有些則是怪怪的。

為了某種緣故，父親的遺體要留在家裡直到星期一，好像是為了找醫師來簽發死亡證明書，有耽擱到一點時間。同時母親也記得，當時好像全市的殯葬業者都在進行怠工，於是父親就留在他臨終時的床上。他躺在床上蓋著被，像在酣睡似的。為了阻止訪客入內，臥室外的走廊站著一位制服警察。可是母親多次堅持進房看看時，警察總是同情放行。

我能憶及的下一件事，是我叔叔嬸嬸們帶了幾盤食物來，一個叔叔把我叫到一旁，告訴我如今該我當家了。我才十歲大，比父親當年失去他自己的父親時還小兩歲。

幾天後在殯儀館裡，我站在父親的棺材前，棺蓋是打開的，我仍然覺得一切都不像是真的。母親為父親穿上他的藍色西裝，看來英俊依舊。他像是在熟睡一樣，臉上沒有痛苦的表情，就像是還活著一樣——似乎我可以輕輕把他推醒，說：「嘿，老爸，您回來啦，真好！」

從父親去世的那一夜開始，我一直都處於震驚與麻木的狀態——有時甚至覺得這些事從沒發生過。我對殯儀館的印象也是片斷的，然後我們就經過緩慢、長途的車程，到達退伍軍人公墓，在那兒為他舉行了軍儀葬禮。一個號手吹奏安息號，七個站得挺直的士兵分別舉起槍，朝天射發三發，響亮的槍聲嚇了我一跳。母親身穿黑衣坐著，手中拿著蓋棺的國旗。

當我站著向下看那可怕的墓穴時，一股寒意襲遍全身，我連發抖都來不及。我像突然醒了一樣，周圍的每件事物都徹骨般的清晰，我第一次正視父親去世引發的情緒，開始領悟到我永遠見不到他，再也無法跟他談話了。

父親最後的安息之地在長島。我們本來全家計畫要搬到長島，在那兒展開新生活，他也將在那兒經營新店鋪，如今他是我們家中唯一住到那裡的——而且是死了才去得成，可悲吧。

我開始悄聲痛哭，發自內心深處悲哀的慟哭。

我看著父親躺進墳墓時，他只有三十三歲。

第二章　我的祕密使命

我們安葬了父親之後，母親就去曼哈坦四十二街的一家餐館工作，專門製作放在自動販賣機出售的沙拉及三明治。她上下班時間很固定，每天早晨上班途中送小妹依芙到國宅的公辦免費托兒所。我則負責帶領兩個弟弟準時趕上校車，也負責摺衣服、撢灰塵、抹地板之類的家事，有時候也幫忙準備晚餐，削馬鈴薯皮，好讓母親到家時可以馬上下鍋，或者我也會給弟弟和自己做漢堡，以及煮點玉米濃湯。

我的任務之一是每月一次，推著小車到國宅的一個分配站排隊，等候政府某機構發放的免費食品，我可以分到一些麵粉、白糖、乳酪和其他配給的基本糧食，母親的雇主也會定期讓她帶餐館的剩菜回家。回顧過去，我還真不知她如何辦到的，既要照顧我們的健康、給我們吃、給我們穿，還要應付父親之死帶給她的沈重情緒壓力。半夜裡，我常聽到她在她房間裡飲泣，或看到她坐在廚房的桌邊，一邊啜飲牛奶威士忌，一邊聽哀傷的音樂。

母親的失落即是我的失落，她的焦慮極富傳染性，跟她一樣，我不知道失去了父親之後要怎麼活下去，更無法祈望會再快樂起來。

我開始了新的生活模式後，漸漸覺得內心起了變化，好像把自己封閉起來，做什麼事情都不帶勁了。我曾經是天生好動的孩子，喜愛群體活動，現在變得畏縮和悶悶不樂。失去了父親，讓我的生命出現似乎永遠無法填補的空洞，那些我拿來問他，如何會這樣及為何會那樣的問題，如今無人可問；學校的作業失去了意義，因為我知道不會再有人每週給我測驗，我再也不必用功了。僅是聽到他喜愛的古典音樂就能令我落淚，想到不能在一天結束時在地鐵站等他，就會讓我難以忍受；從前，每次等到他時，我都欣喜若狂，他如果讓我替他拎工具箱回家，我更會高興得不得了。他毫無預警的突然離世，使我提前結束童年，快樂不再是我的天性，實際上，一部分的我已經永遠迷失了。

母親又開始與人約會，即使我如此年幼，也能諒解母親是因為極度寂寞之故。在母親一連串交往的幾個男友之中，有一個是卡車司機，她常與他陷入可怕的爭論。我記得有一晚我們駕車穿過某個隧道，母親跟那傢伙發生激烈的爭執，他把車子開得飛快，又不遵守交通規則，隨時有車毀人亡的危險，我害怕死了，縮在後座直打哆嗦。他後來不再出現時我很高興，我希望母親不那麼寂寞和寡歡，可是她約會的男人沒一個比得上父親。

父親去世後又過了兩個夏天，我們遷回賓州，因為外祖父堅持要母親搬回娘家，很久之後母親才告訴我這回事。外公擔心母親和男人交往的舉止，同時也覺得她獨力撫養四個幼齡子女會壓力太大，堅持要全家住在一起，一方面外公可以監督母親的交友，另一方面外婆可以幫助照顧孩子。那時外公已經從磚廠退休，又因為有一條州際公路穿過他們原有的物業，而遭強制遷離，離開了克雷斯堡搬到二十四公里外的奧爾托納，靠近我舅舅家。與克雷斯堡相比，奧爾托納算是都會區，有十萬人口，可是我在那裡不太適應，住在奧爾托納不如住在紐約布朗士區舒服，也不如克雷斯堡那麼悠閒。

母親在一家服裝店擔任清潔婦，每天早晨離家時，都打扮得像是隨時準備好要到櫃台售貨一樣。無論是不是當清潔婦，母親總是刻意維持她的自尊，而且當她打扮起來，是不可能不引起矚目的。於是顧客開始請教她關於襯衣或套裝等的意見，不久她即受提升，成為奧爾托納市第一位黑人售貨員。

我立刻便領悟出這個教訓，我覺察到當一個人表現出自尊心時，通常也能獲得他人的尊敬。我很幸運，在過去十年有一位聰明且富進取心的父親，至今則因為有一位有自尊且堅強的母親，使我依然覺得受到神的庇護。

我們住進外公家一年後，外公生病了，病症和讓祖父致命的疾病相同，都是磚窯職業病：矽肺病——痛苦的「白色肺病」。我看到外公連電視播出滑輪飆速競賽都提不起興趣時，就知道他病得不輕。母親與外婆輪流，二十四小時不停歇的服侍他，病況末期時，他甚至需要戴氧氣罩才行。

外公得壽七十八歲，他死後，母親認為我們應該有自己的家了，我們用父親的退伍軍人房屋貸款，在一個全白人的住宅區買下一戶簡樸的房子，外婆也遷來和我們同住。房子座落在山坡下，緊鄰穿過奧爾托納市的鐵路，而奧爾托納市位於匹茲堡與紐約市之間的交通樞紐，火車來往頻繁，因此每逢高速列車經過時，我們家整個房子會自地基開始搖擺個不停。正因如此，房價較低，所以我們買得起。

遷回到賓州居住帶給我的變化，不單是周圍景觀不同，而是遠比那嚴重得多。搬回賓州之前的生活，我不覺得做為一個「有色人種」有什麼負面意義，有色人種是當時普遍用來稱呼非洲裔美國人的叫法。在布朗士，我們住宅區的主要居民為猶太人，我們向來不覺得受到敵意對待。我加入的童軍團，團員都是白人，其中大部分成員為猶太人，我是唯一的黑人，我也從未受到特殊的不平等待遇。每個夏季我們去克雷斯堡渡假時，弟弟們和我夥同堂兄弟及他們的白人朋友一塊玩，也從未出過事，我有種種理由認為在奧爾托納市的生活不會不同。

我們在新家安頓下來之後，弟弟們和我馬上就跑出來，想結識當地的孩子，我們看到四個男孩在玩耍，便走過去打招呼。他們看了我們一眼，其中的一個孩子吐口水說：「黑鬼！」我嚇了一跳，從來沒有人用那麼可怕的字眼叫過我——在布朗士不曾，在克雷斯堡也沒有，完全沒有過。我一肚子火，不管當時實際上寡不敵眾，就衝過去揮拳痛擊那男孩，打到他求饒為止。其餘幾個白人男孩全都不敢亂來，我弟弟們則是像石頭一樣動也不動。

奧爾托納市發生的那件醜惡事件，讓我對自己的種族有一種前所未有的負面意識，我的情緒原本已不穩定，這一來又變得更為沮喪。我強烈感到格格不入，這讓我更加期望能回到過去，回到父親在世時的快樂生活。

外公去世後，外婆的健康迅速退化，她開始在市內漫無目的地亂走，有一回她搭上前往芝加哥的火車「去找我的孩子」，她認為外公和兒女在那兒等她。到她變得完全無法約束時，母親只有把外婆送交州立救濟院照顧，雖然那裡也缺乏照顧嚴重衰老症病人（今天所謂的阿茲海默氏症）的設施。

外婆的餘年就在救濟院度過，我常在星期日跟母親去探視她，偶然我能從她空洞的眼神中，認出那位我曾摯愛的老婦人，可是總體而言，外婆在還沒過世前，便已老早離開我們了。

在奧爾托納的那段日子簡直不快樂透了，我失去了對上學的興趣，開始常常逃學，等母親上班後便偷溜回家，從地下室的窗戶爬進屋裡，整天窩在自己的房間。後來學校輔導員來家庭訪問，母親才發現我曠課。雖然因此受到懲罰，但我並不在乎，因為我既無要好的同學，又沒有喜愛的學校活動，於是我在國一及國二這兩年當中，仍然不斷逃課。

因為一直沈浸在失去父親的哀傷中，我變得愈來愈孤獨和痛苦，對遊戲、打球、與同學交往，都不感興趣，我靠雜誌、書本及電影逃避現實，其中許多都是些奇幻和科幻故事，它們讓我沈湎於無窮盡的白日夢中，自己幻想出一些遙遠的地方，有許多高貴的英雄進行好人對壞人的戰爭——那裡遠比我居住的世界更精采迷人。

自從父親帶我們去看過一九五四年發行的電影「豪邁王子」之後，我就成為「圓桌武士」的俘虜了，而經過這麼許多事情後，我更加認同勇敢的武士和他們的高貴志業，希望自己有辦法糾正可怕的錯誤（父親的去世）、保護需要協助的少女（我的母親）。不久之後，我甚至於找到一個引領我追求的神聖目標，我的「聖杯」。

我從一個怎麼也想不到的地方，發現讓我生命改變的力量。吉伯頓公司出版的《古典名著選粹》漫畫叢書，是將一百六十七本世界古典名著改編成漫畫（其中我只有十幾本左右沒讀過），用圖解方式向年輕讀者簡介內容梗概。這些書賣十五分錢一冊，而我每星期僅有二十五分錢的零用錢，對我來說算是滿大的一筆開支。我住在布朗士的時候，便開始讀這套書了，搬去賓州時，我的藏書中已有了取材自馬洛禮經典原著《亞瑟王之死》的《圓桌武士》、司各特爵士的《劫後英雄傳》、狄更斯的《雙城記》、史蒂文生的《化身博士》、瑪麗·雪萊的《科學怪人》、凡爾納的《海底兩萬里格》、朗費羅的《海華沙之歌》、荷馬的《伊利亞德》、以及莎士比亞的《凱撒大帝》、《哈姆雷特》與《馬克白》等。

我清楚記得，當我在我家附近一家藥房的書報架上，看到第一百三十三冊《古典名著選粹》的一剎那，封面上的圖畫及說明像閃電般向我襲來：表情嚴肅的男人坐在一台奇異的機器上，環境很有未來感，那機器看起來介於摩托車與單人太空船之間，上頭有各式各樣的環圈及管線，男人兩手緊握兩支像操縱機器用的操縱桿，封面的上方印著書名：

時光機器

威爾斯　著

像著了迷般，我翻開書，第一頁又同樣是那個人的圖片，他嘴含菸斗，在一間有溫室窗戶的房間裡很專心的裝配那台機器，工作檯上散放著各樣的工具，有螺絲起子、扳手、小型噴燈、油罐、螺絲釘、螺絲帽、電線等等。那人正用白色膠帶把機器的某一部分綮緊。

首頁下的圖說文字是這樣寫的：

科學工作者皆知之甚稔，時間只是另一類的空間，我們可以在空間向前或向後移動，當然也一樣可以在時間中向前或向後移動。為了證明這個道理，我發明了一台可在時間中穿梭的機器。你如果輕壓這根操縱桿，這機器就回到過去的時間；你如果壓另一根操縱桿，這機器就會滑進未來。我用這台機器探索時間。

我完全嚇呆了。「我們可以在空間向前或向後移動，當然也一樣可以在時間中向前或向後移動……」那是我所聽過最奇妙、最難以置信的事了，這兩句話即刻讓我受傷的心靈充滿希望。「科學工作者皆知之甚稔，時間只是另一類的空間……」科學家都知道這件事嗎？這話的意思是說，是不是真的是這個意思：我能回到從前，去警告我父親去看醫生？請他凡事不要著急，把步調慢下來，好好照顧自己嗎？我能做一些事，阻止那個晚上發生的可怕事情嗎？我能夠改變他的命運和我的命運？我能把他找回來嗎？我朝櫃檯丟下三個鎳幣，拿了書匆匆跑回家。

回到家，我把自己關在房間裡，坐在床上開始閱讀。

十九世紀將要結束的一個夏天傍晚，在英格蘭的利奇蒙，我的幾個要好朋友聚集在我家。當我走進房間時，

「老天爺，好傢伙，你到哪兒去了呀？」

「你是不是出了車禍啦？」

「我剛剛才穿越過時間，告訴你們也沒關係，雖然你們不會相信，但是我說的是真的，每個字都是真的……」

這位時光旅行者敍述，他為機器做最後的一次調節，「把每一枚螺絲都再鎖一次，並滴下最後一滴潤滑油，便爬進去坐在座位上，握住操縱桿。」他把操縱桿略微前推，幾秒內就看到牆上的鐘已經前移了五小時，他深吸一口氣，雙手緊握操縱桿，「就奔進時間裡吧。」機器原地不動，但他周圍的時間則迅速向前衝，他穿過快速閃爍的景象，這就是未來擁有的景象。

他終於停下來親自觀察未來的世界，腳底下的地表變成凹凸不平的了，他的

機器打了一個翻滾，把他彈到地面，他發覺自己身處森林中，且狂風暴雨大作。他把機器抬正，檢查裡面的儀器，發現他已往未來前進八十萬年。他在雨中四處逛一逛，來到一座無門又無窗，無法進入的巨大建築物前面。

他想還是回到原來的時間吧，便回到他的機器就好位，正當預備拉回操縱桿時，突然聽見說話的聲音。有人說著一種「極甜美如唱歌般的語言」，並向他走來，他們自稱為「依洛阿」，他立刻知道這些像小孩一樣單純的人，沒什麼好讓人害怕的，就跟他們一起吃飯。飯後他回到停放機器的地方時，卻發現機器不見了，他追蹤地上的痕跡，判斷時光機器已經給拖入那棟巨大的建築物中，藏在那道不得其門而入的牆壁後頭了。

緊接著，時光旅行者自湖中救起一個溺水的依洛阿，她的名字叫做文娜，是一個很美的少女。她送給他一束鮮花以表示謝意，花朵都是他未見過的品種，他採下兩朵放在口袋裡打算以後仔細研究。往後的幾天中，文娜與時光旅行者在夜裡失火的樹林中，一起奮力趕走一群「摩洛克」，這是一種像人又像蜘蛛的奇異動物。

時光旅行者發現建築物圍牆上的大門洞開，而他的時光機器離他只有幾公尺遠，他趕在大門再關閉之前將機器拉出牆外。在摩洛克的環伺下，他迅速起動機器，向後拉回操縱桿，結果他終於得以順利回到原先的時間，機器則跑到房間內的另一端——方向和距離都和那群摩洛克所移動的一樣。然後，時光旅行者就走進朋友聚集的大廳裡。「太神奇了，對不對？」他向朋友們承認說：「你們把它看成是胡說八道也可以，我自己也是半信半疑呢，可是……」

可是，他的口袋裡還有文娜送的兩朵花！

⌛

我看了這故事好幾遍，才離開我的房間。

我站起來走下地下室，把門閂上，找到我想要的東西：父親的工具，我們從布朗士搬過來時也把它們帶了過來，但一直沒有人使用過。我懷著激動與崇敬的心情打開第一個工具箱，很謹慎地把裡面的工具拿出來排在面前，螺絲起子、各種尺寸的扳手、螺絲、螺絲釘、螺絲帽、電線等等。在另一個箱子裡，我找到無線電接受器的零件、電視機螢光管、油罐、烙鐵和幾卷絕緣膠帶。

雖然還需要很多天，才能把所有必要材料蒐集齊全，但我在頭一天就把計畫擬定了。我有了一個祕密使命，我這新起的決心足以驅動我每天急著起床。

我打算用螢光管、廢棄的管線和一些破舊的零件，製造一台和《古典名著選粹》封面上一樣的機器。從前我常看父親工作，因此知道一些電子知識，父親也會一面工作，一面很有耐心的解釋。我每天花好多個鐘頭待在地下室工作，把螢光管、電纜、電器零件等連接起來，又找來幾個汽車輪胎當落地架。終於，看來我成功造出一台有模有樣的機器了，可是當我插上電源，拉動操縱桿時，機器卻毫無動靜。

我很失望但並不洩氣，時光旅行的故事中提到「搞科學的人」，於是我的結論是我必須先學科學，才能正確連接各部分零件，造出一台能運作的機器。但首先我要讀更多有關時光機器和文娜的事情。

我去公立圖書館借出威爾斯的原著，開宗明義的第一句話就看不懂，要查字典才能明白。「時光旅行者向我們鼓吹一件尚未為人所知的事情。」這句子裡頭便有兩個英文單字不認識，接著第二句仍然得查字典，不過我就那樣把書念完。中間讀到那位時光旅行者的機器，也有把他帶回過去的時間，這一段情節重新燃起我的希望，我的夢想真的有可能實現。

我不想進入未來去會見溫柔可愛的依洛阿，也不想跟恐怖的摩洛克作戰。我不要前進未來，我要回到過去！

從此以後，我的使命是好好做準備，讓自己有朝一日能設計出時光機器，送我回到一九五五年五月二十二日之前。

我想要再見到我父親。

第三章　愛因斯坦與我

發現了威爾斯的《時光機器》之後，我對時光旅行故事的渴望便難以饜足了。一九五七年的夏季，我找到一套漫畫《怪誕科學奇想》，其中第二十五冊的書名為《雷霆萬鈞》，是取材自科幻小說作者雷．布萊伯利在一九五二年所著的同名小說。我發覺這個故事（如今已公認是經典的時光旅行小說）確實引人入勝，雖然當時我不曉得，這本書的創新故事架構，已讓我在將來面對時光旅行令人困惑的怪異內涵時，提前做了準備。

雷．布萊伯利的故事是說，有一家名為「時光狩獵旅行社」的民營公司，營業項目是把獵人送到數百萬年前去射獵恐龍。為了避免改變過去，他們謹慎的追蹤某隻特定動物的身世，找出牠是如何及在何時自然死亡的。

例如有一頭年邁的三角龍，因為陷入坑洞得不到救援而死。旅行社把獵人恰好送到事件發生之前，讓獵人在動物自然死亡前，早一步捕殺牠。反正那恐龍之後掉入洞裡，無論如何也都是活不了的了。只要獵人在射殺動物後，把子彈小心清除掉，不留下任何痕跡即可。

有一天，富有的商人厄寇斯，來到時光狩獵旅行社，拿出獵恐龍的費用一萬美元，要求公司安排他與朋友去獵殺最巨大的食肉恐龍「霸王龍」。他遇到經驗豐富的導遊查維斯，兩人便聊起前一天的選舉結果，自由派的總統候選人吉斯，擊敗了保守派的對手萊曼，厄寇斯與查維斯兩人都同意，萊曼若當選，會把國家帶往「最糟糕的獨裁統治」。

厄寇斯聽取了捕獵的嚴格規則簡報——不許偏離步道、不得接觸任何動物或植物群、不得改變其他生物的命運，也就是「會影響這個世界的過去」的任何大小事項，都不可以碰。理由是：「時光機器的運作很複雜，不瞭解這一點的話，我們可能會因為殺害一頭重要的動物、一隻小鳥、一隻蟑螂，甚至摧毀一朵花，而破壞了重要的物種生物鏈。」

厄寇斯同意遵守規則，查維斯於是帶領這個獵人隊伍走進酷似飛碟的金屬機器，「一陣搖晃及電流的嗡嗡聲之後，……這鋼打的密封車廂裡閃爍著陣陣忽橙黃、忽銀灰、忽湛藍的電極閃光。」「只輕輕用手一點，」他們就給送到距離吉斯總統當選前，超過六千多萬年的時間了。

獵人們於恐龍尚在地球上遊蕩的白堊紀年代下車，追蹤到那頭特別選中的霸王龍。當他們與那龐然大物面對面互相注視的時候，厄寇斯怕得拔腿就跑，其他的獵人開了幾槍便把霸王龍擊倒。不久後，一棵大樹倒在巨獸身上，造成與牠原來自然死因相同的景象。獵人們把子彈從屍體上挖了出來，然後就離開現場。

厄寇斯在時光機器旁等待他們回來，大夥兒給送回到原來的時間。他們於抵達後發覺好些事情都不一樣了，包括那次選舉的結果，現在變成萊曼當選總統，正施展他的「反基督教、反人類、反知識」的政綱。當疲憊不堪的厄寇斯坐下來休息時，他的鞋底掉下來一塊泥巴，裡面黏著一隻被踩死的金色蝴蝶，那是厄寇斯於驚慌中，偏出步道跑進森林時踩到的，獵人們驚恐地覺察到他們做錯事了。

「一樁小事，」雷．布萊伯利寫道：「可能造成生態失衡，然後如同骨牌遊戲一般：先是推倒了一連串的小骨牌，然後是一連串較大的骨牌，再來是一連串更大型的骨牌，經過多年之後，所有骨牌都接續倒下來了。」

我在圖書館找到雷．布萊伯利的原著小說，仔細閱讀並反覆思考。我頭一次領悟到時光旅行的微妙複雜，時光旅行者到達從前之後，如果稍有不慎，即可能造成現代難以接受的效應。譬如改變了一隻蝴蝶的生命之類的小事，卻影響到未來世界的戰爭與和平。

閱讀不僅讓我逃避現實，同時也變成了我的愛好。我耗在圖書館的時間愈來愈多，許多圖書管理員都知道了我的名字，他們讓我借出比規定限額更多的書籍，即使不外借的刊物也予以通融。

我也時常去「救世軍」的店鋪買一些一毛錢一冊的舊書，由於把午餐錢毫不吝嗇的買了書，我逐漸消瘦下來，母親擔心得很，帶我去看醫生。嚴重的營養不足使我罹患第二期貧血症，醫生開了鐵的補充劑給我吃，也要母親至少每週讓我吃一次牛肝。後來母親發現我把午餐費改變用途，就開始給我帶午餐上學。不久之後，我在一家理髮店找到課餘打工（擦皮鞋和掃地板），好賺錢滿足我的書癖。

在我企圖製造頭一部時光機器，但以失敗收場之後，愛因斯坦進入了我的生活。我不是指他本人進入我的日常生活，因為他早於一九五五年的四月就辭世了，而且不巧的是僅比我父親早幾星期去世而已。我記得在《紐約時報》上讀過這則消息，因此知道他是個偉大的人物。

一九五七年秋天的某個下午，我在救世軍的舊物商店裡翻閱一本一九四八年出版的書，封面用的是薄薄的軟紙，這本書是巴涅特著的《宇宙與愛因斯坦博士》。封面上愛因斯坦站在與人同高的沙漏邊，沙漏的上半截裡有太陽和地球，下半截裡是一些恆星。

我認得愛因斯坦的名字和像貌，便買下這本書，發現我居然看得懂這本書闡述的宇宙結構和愛因斯坦的理論。在我讀來，愛因斯坦的突破在於將時間做為第四維，他說宇宙是一個四維體，由三維空間加一維時間的結合，構成一個時空的整體。我發現愛因斯坦研究過時間的性質，感到極為高興，立即想到為了達成我的目的，應該要多讀他的著作。

《宇宙與愛因斯坦博士》成為我童年時期第二本最重要的書籍。在我的啟蒙階段，真正的科學與科幻小說是沒有多大分別的，我覺得科幻小說裡面講的，跟真正的科學一樣有道理。事實上，研讀愛因斯坦的著作，使我愈加珍惜威爾斯[3]的成就。

《時光機器》於一八九五年出版，是在愛因斯坦將時間解釋為宇宙的第四維之前整整十年，而這位英國小說家卻已經把時間形容為第四維，他是怎麼想到的？

我以滿腔熱情投入研讀愛因斯坦的相關書籍，其中讀到邁克生及毛立這兩位美國科學家，於一八八七年做的一項著名的實驗。我當時瞭解的是，他們要測出光的速度來。書上說光速是每秒鐘三十萬公里，並且會因地球的運動而改變。起先這個速度對我沒有什麼意義，但後來我讀到說，它快得可以在一秒鐘內繞地球七圈半時，才覺得光真是驚人的快。

那時我尚不能掌握該項實驗的細節，但是邁克生與毛立似乎想要證明，當你面對光束前進時，測量到的光速應該與你背光而跑（與光束做同向運動）時，速度不一樣。對我而言，這似乎言之有理，因為如果我朝著向我跑來的人的方向跑去，他們接近我的速度，一定比他們追著我跑時快得多。可是，令邁克生、毛立、以及幾乎科學界每一個人都錯愕的是，他們證明了，無論你以多快的速度接近或離開光束，測出來的光速都不變。

那怎麼可能呢？我萬分詫異。

我既好奇，又興奮的繼續讀下去，終於找到答案了。答案來自一九〇五年的一名年輕的專利審查員愛因斯坦。愛因斯坦說，光與世界上其他任何東西都不同，無論你是迎向它還是離開它，測到的光速都不變。他指出，這問題出在我們用以測量光速的鐘。依照愛因斯坦的解釋，測出的光速不變是因為，我們用以測量光速的計時器改變了，換句話說，光不受運動影響，但時鐘則因運動而改變。

我在《宇宙與愛因斯坦博士》書中的第五十九頁，看到一個指出時間如何受運動影響的公式：

$$t' = \frac{t}{\sqrt{1-\left(v^2/c^2\right)}}$$

這個公式叫做勞倫茲變換，是由荷蘭物理學家勞倫茲[4]導出來的。這方程式的寫法很簡單，只用到初級代數，但看起來卻像天書一樣難解。無論如何，這所謂的勞倫茲變換對我而言像一道符咒，縱然我不十分懂得它的意義，卻感受得到它的威力，我時常反覆背誦這個時間公式，在紙上默寫個不停，猶如它是《聖經》上的格言似的，卻不是真的明白公式到底在說什麼。

然而我還是捉到了一些重點：勞倫茲說時間（他在公式中以 t 代表）可能受到運動的影響。還有，知道了時間可以用符號來代表，也使它看來比較不那麼神祕。時間事實上是一個物理量，是可以運作和改變的。進一步而言，愛因斯坦的狹義相對論使用勞倫茲變換指出，你的運動速度愈快，時間就會愈緩慢。換句話說，運動中的時鐘，它的時間會比靜態的時鐘走得慢。

我沒有充分領悟「運動中的時鐘」與「光速為宇宙中的常數」，兩者間的所有關聯，但是我繼續回顧時間的問題。對於一個熱切的十二歲的心靈而言，愛因斯坦的狹義相對論無疑是一股推動力，因為這理論似乎建議時光旅行深具可能，對我來說那就是意指，時光機器也是可能的。至此，我只要好好瞭解愛因斯坦是怎麼說的，就行了。

我開始變成愛因斯坦迷，如饑若渴的蒐集愛因斯坦的相關資料，巨細靡遺。我很快就發現，他對大自然產生火花是由於童年時期，他的工程師父親給了他一具羅盤。我回想起我父親給我的晶體收音機和陀螺儀，首度興起我與這位偉大的天才，有些許雷同之處的念頭。當我讀到愛因斯坦下面這段具有啟發性的名言時，我又感覺到另一重關聯。他說：「想像力比知識更重要，知識是有窮盡的，而想像力概括著世界的一切。」

日後，愛因斯坦需要用深奧微妙的數學語言，表達他有關時間的革命性理論，但他在年輕時代，數學卻學得相當辛苦，需要補習老師來協助。我讀到這些時，覺得相當驚訝。愛因斯坦的一些雋永名言，又讓我讀了會心一笑：「不要為你與數學之間的問題擔憂，我向你保證我的問題比你的大得多。」他又說：「並非我聰明能幹，只是我被問題困得比你久。」

事實上，所有這些關於數學的談話都令我默默深思。我那時候雖然已經心裡有數，我終究會像愛因斯坦那樣，必須學習一種新的數學語言，才能達成我的目標，可是，我卻不喜歡算術。

第四章　踩著我父親的腳印

假如有一天，我真的要製造一部時光機器的話，瞭解愛因斯坦以及那神祕的勞倫茲變換公式，還是必要的。但是我知道真要做到那點，我的程度還差太多，道理很簡單，我只不過是個好奇愛問的少年，喜歡讀些深澀難懂的書，而一想到要去瞭解愛因斯坦的著作，就會叫我頭痛。

經典的科幻電影「惑星歷險」，提供一個方法，似乎可以增進我的腦力。電影敍述一位二十三世紀的太空旅行家，去探訪名為阿爾泰四號的行星，希望找出行星上居民神祕死亡的原因。原來，摧毀居民的，是他們自己「無意識的本我」

（unconscious id）所組成的生物。那是我第一次看到「本我」這個字眼，便去圖書館查閱它的意思，發現它意指人類心靈的一部分，是我們精神力量的源頭。

在得知「本我」是心理分析家佛洛伊德發展出來的觀念後，我就到書堆裡找出他的名著《自我與本我》（*Ego and Id*）。讀了這本書，我興奮得知我的腦力是有可能增進的，這樣一來我就能夠更瞭解愛因斯坦及其他重要科學家的著作了。

我最先跨出一小步，包括閱讀愈來愈有挑戰性的書籍，後來我終於成為佛洛伊德這個見解的忠實信徒，相信閱讀可以增進我們的智力，就像運動可以加強體能一般；腦力會愈用愈有勁，愈受刺激，會愈聰明。

我的智力也受到兩門高中課程的加強：電子學與代數，它們使我發揮了腦袋瓜每一盎斯的想像力。

我父親是電子技術人員，我也以此自勉，於高中二年級時選修了一門電子課，那是為有志於當電工的學生設計的課程，涵蓋了一些線路理論和接線的實用技術。當年父親曾給我看電視機的內部構造，我在想，父親是不是曾經想要訓練我，好繼承他的事業。我腦海裡出現一個招牌：「馬雷特父子電視修理店」，我的計畫是以父親為榜樣，成為電機工程師，那似乎是取得製造時光機器必要技巧的最佳途徑。

在那門電子學的第一堂課中，我學到歐姆定律，也學到發現這個定律的人，物理學家歐姆[5]。他在德國一所中學教數學的時候，發現在恆溫下，流過導體的電流（*I*）與電位差，亦即電壓（*V*）成正比，但與電阻（*R*）成反比。他導出來的方程式是 ***I* = *V*/*R***。雖然他的理論起初不為人接受，但不久後即被認可為電學的基本定律，因此電阻的物理單位便命名為歐姆。

我學到在電線裡流通的電流，本質上是一種稱為電子的微細粒子。把電線連接到電池的兩端，可以強迫電子流動，電池的能量來源是化學能。電池裡的能量是以它的電壓來測定的，單位是伏特——這是為了紀念十八世紀的義大利物理學家伏打，他於一八〇〇年發明了電池，首度提供了連續性的電流。

一個九伏特的電池儲藏的化學能，比一．五伏特的電池多，電池儲藏的能量愈高，愈能驅動電子在電線上流動；電壓愈大，電流也就愈大。假如電線裡有些東西改變了，譬如加上一節不同材料製成的電線，便會產生抗拒電子流通的阻力，這阻力是新加的材質（例如鎢絲）造成的，結果是產生光與熱。這就是連接電燈泡到電池上所發生的現象。

我的電子學老師巴斯蓋特，是經驗老到且誨人不倦的教師，他要求我們熟記歐姆定律的各種基本變換，從計算電流自電池流入燈泡的公式中，我看到如果在線路上使用較大的電池，會有較高的電壓（V），那將使線路產生較大的電流（I）；又如果增大燈泡中的電阻（R），例如使用較長的鎢絲，將會減少線路中的電流（I）。

這些方程式給了我啟示，我領悟到符號如何代表線路圖中的元件，有了這個認知，我才真的知道數學的內涵要如何與真實世界接軌。從那時起，數學對我而言不再像是抽象難解的東西了。

學習過基本的室內布線後，我們進一步學習電子學，知道如何操作電子來產生無線電波。當電子被迫在電線（天線）內做快速往返運動（振盪）時，就能產生無線電波，它可以進入空中，再由接受器接收。無線電波可以促使接受器中的電子振盪，電子的振盪又能轉變為擴音器中的薄膜振動。我們從無線電裡聽見的聲音，是由擴音器中的薄膜振動，帶動空氣振動造成的。

我的表哥鍾斯．金博祿跟我在同一個電子班學習，他比我長一歲，深為電子學著迷，我們都認為我們能用電子學改造這個世界。我們無須看得很遠，光看看無線電及電視，就會想知道電子學還能造出什麼現代奇蹟。因此，我把我想建造時光機器的計畫告訴了他；事實上，他是我透漏祕密計畫的第一個對象。鍾斯表哥沒笑我，他告訴我他不認為那是不可能的，他也同意，瞭解電子學可能是我的成功之鑰。

這門課到了最後，我們必須把整學期的筆記整齊謄好、裝訂成冊，交給巴斯蓋特老師。我花了幾個夜晚通宵無眠，重寫我那潦草的筆記，那是我上學以來最用功的一次，不但親歷了真正的學習經驗，也發揮了自律的精神。我們在電子班上學習到的一些方程式計算，使我相信我必須克服對數學的恐懼，於是選修我一向逃避學習的代數。

我在高三的時候修習代數，發現我很自然就能吸收，讓我十分吃驚。我喜愛解方程式，一天到晚以解算方程式為樂。在我看來，代數猶如魔術，英文字母可以用來代表數字，你可以用那些符號做任何事。我的代數成績接近滿分，讓我的學業成績在班上名列前茅。

我的數學老師富而勒，是能讓死的數字活起來的人。有一次上課的時候，她提起有一類型更高深的數學，比代數更有趣。我當時立即下定決心，有一天我會去探究這稱為微積分的難解課程。

那一年我如魚得水般優游在代數裡，但我的物理經驗卻大不相同。教我物理的是一位疲憊的科學教師，他大部分時間都照著教科書大聲朗讀。他在黑板上寫下描述球拋擲後在空中飛行的拋物線軌跡方程式，但沒有解釋過程，僅告訴我們結果；他把球拋出後到落地之間，受到什麼外力作用等重要細節，都略掉不提。

我雖然考試及格，但深受打擊，為什麼物理學這麼枯燥難懂？我非常失望，因為我一向讀到愛因斯坦的生平事蹟，就放不了手，而愛因斯坦正是物理學家。有好幾年，我只好把這位偉大的人物與物理學切割，可是這領域卻又是我在未來歲月中，要探索及冒險的世界，我不能放棄物理學。

我從代數與物理得到的經驗，可說是有天壤之別，這證明一位會啟發學生的老師，多麼的有價值，以及他對學生能有怎樣的正面影響；反之，一個沒精打采的教師，是不會在乎能不能燃起學生學習熱情的。我日後成為老師時，也隨時提醒自己這個教訓。

學會了代數這種新技巧後，我發覺我開始逐漸瞭解「勞倫茲變換」的意義了。回過頭來再讀《宇宙與愛因斯坦博士》後，我就知道：若按照古典物理學，也就是早於愛因斯坦的物理學的講法，時間是絕對的，與我們個別的速度無關，別人時鐘上的時間（t'）和我的時鐘上的時間（t）總是一樣的，無論彼此的相對運動速度有多麼快。古典物理學的方程式總是 $t'=t$，這個等式是說，時間不因運動而改變。因此，時光旅行的可能性並不存在。

但是依據令人興奮的愛因斯坦相對論物理學的說法，假如我移動得非常快，而其他人靜止不動（或者兩者相反），那麼t'就不等於t了。因為我正在快速移動，別人的時間跟我的時間不一樣。相對論物理學指出，時間因運動而變化——時光旅行就變成有可能了。

打好了電子學與代數的基礎後，再把這兩門學科的知識結合起來，我竟然就能開始瞭解愛因斯坦的著作，真是酷斃了。

自從母親於一九六〇年改嫁後，家裡諸事都漸漸改變了。繼父的名字是威廉斯，我們稱呼他為畢爾。他是一位君子，同時也很能賺錢，家裡的財務狀況於是大為改善。母親不必上很多班，可以多花些時間在家裡照顧較年幼的子女。不久後，又有了一個新嬰兒降臨，我的小妹妹安妮塔。

我雖然只有十五歲，已經懂得佩服畢爾願意接納一位帶著四個拖油瓶的寡婦，可是我們並不親密。畢爾讀到高中就輟學了，對閱讀不感興趣，也沒有興趣成為知識份子，每當他看到我埋頭讀書時，就會來煩我，常常問我：「你在幹嘛？」好像說我在做些不得體的事。我一貫都頭也不抬的回他一句：「看書！」

畢爾認為青少年應該對汽車、女孩或打獵有興趣，他自己就很愛好打獵。「妳的大兒子有點不太對勁！」他會向我母親這樣抱怨：「他整天只會讀書和上圖書館。」母親不願意在中間當調人，成為夾心餅乾，我則繼續做我愛做的事。

老實說，畢爾與我之間有一層隔閡，我已經把我父親的形象，提升至無法再高的程度了，我的生命裡沒有接受繼父的餘地，何況他不管在任何方面，無疑都不能與我父親相提並論！

我心中那把想要永保父親回憶的火燄，又因一件偶然的事情更加撩撥起來。原來我母親把父親所有的錄音帶保存在我家的地下室裡，有一天下午我發現了那些錄音帶，就拿了幾卷到樓上。我所播放的頭一卷帶子，上頭標示著「奧瑪・珈音[6]的《魯拜集》」。開始的時候是一段歌劇樂曲，接著就聽到父親深沈有力的聲音，那我幾乎都已忘記了的聲音。

醒醒遊仙夢裡人
殘星幾點已西沈
羲和駿馬鬃如火
紅到蘇丹塔上雲

我嚇呆了，我記得這首詩，以前我們住在布朗士的公寓時，父親只要有點感傷和寂寞，就常在客廳朗誦這首詩。

舊日湖山同醉客
只今寥落已無多
幾杯飲罷魂銷盡
一一生涯酒裡過

一股哀傷的渴望，從某處進入我心深處，我多麼想再見到父親的慈顏。當我細聽他朗誦的詩句時，我開始瞭解這首詩對他的可能意義，又為何令他如此悲傷。

時恐秋霜零草莽
韶華一旦隨花葬
微塵身世化微塵
無酒無歌無夢想

在查字典瞭解這首詩的意思之後，這幾句詩突然像觸電似地震撼了我。我記得牧師在祖父的喪禮中說：「塵歸塵，土歸土。」我知道這首詩必定在感歎生命的短促，我深信父親因為已知他不久於人世，而時常唸這首詩。我一次又一次反覆聆聽這卷錄音帶，那是聽得見的證據，是我曾有過父親及嚐過幸福滋味的證據，我不願意停止聆聽。

回首當時，我相信往生的父親留下的這卷信息，使我對死亡開始感到困惑，不管是自己的或別人的。我開始閱讀愛倫坡的詩，十五歲時便能完整背誦他的詩作〈烏鴉〉，在我應該感受青春不朽的年齡時，死亡似乎已成為我的摯友。

僅次於閱讀的第二項嗜好是電影，因此對我而言，一九六〇年是很特殊的一年：當年發行了「時空大挪移」這部由《時光機器》改編的電影，由羅德・泰勒飾演時光旅人。這部電影在奧爾托納市中心的國家戲院放映兩週，我去觀賞了五次，每次都買了一大盒奶油爆玉米花和一大杯可樂，安坐在第五排中央的位置，目不旁視的盯緊大銀幕。我深受時光旅行的特殊效果震撼。那些生動的故事又一再讓我的想像飛翔，使我更下定決心，有朝一日我將製造自己的時光機器，再去見到父親。要這麼做的承諾，真實得彷彿觸摸得到。

同年，一個新的電視節目得到我衷心的喜愛，那是每星期五晚上放映的「陰陽魔界」。我通常在吃過晚飯後去圖書館，但每星期五我一定記得及時趕回家，途中順便買一杯巧克力牛奶和甜甜圈，當看電視時的零食。最重要的是，不可以錯過導演瑟林所做的介紹，以代表宇宙神祕的平靜天空為背景畫面，配合透人脊髓的音樂，加上例如擺動中的時鐘或愛因斯坦的方程式 $E=mc^2$ 之類的形象，飄浮在畫面上——瑟林說：「你正進入另一維度旅行，此一維度不僅有聲光、也包括心靈。走進奇妙世界的旅行，想像力是它的界線。前面就到站了——你的下一站，朦朧地帶！」

倒一杯巧克力牛奶，拿起一個甜甜圈，我也進入了下一站……

有好多集的「陰陽魔界」故事牽涉到時光旅行，它們當然令我著迷。最經典的一集是「第七號是幽靈造成的」，劇中由三個國民兵組成的小組，正進行作戰演習，駕駛坦克經過小巨角附近時，發現有另一場戰爭也在進行——正是歷史上記載，發生在一八七六年的那一場戰役。他們為此進退兩難，是應該用他們威力強大的坦克加入戰鬥，以拯救卡斯特將軍和他的部隊，進而改變歷史？或是離得遠遠的，讓屠殺發生？

衡量後，他們放棄坦克，進行徒步作戰，消失在亂軍中。時間跳回現在：國民兵的同袍發現遭遺棄的坦克，那三個士兵則不知去向。後來他們檢查不遠處，卡斯特戰場國家紀念公園的陣亡將士名單，發現三人的名字赫然在列！

我覺得這故事有趣的地方在於：那三個時光旅人決定加入戰鬥，加入了歷史行列，但並不想改變歷史。假如他們在小巨角戰役中，使用現代化的坦克，歷史必定會改寫。

我從科幻世界發展出對電腦的興趣，那時電腦還是主機有一個房間大的那種，不過後來很快就因為用電晶體來取代真空管，使計算能力大為增強，機體也迅速縮小了。

蘇聯第一個人造衛星「旅伴號」於一九五七年發射，美國的太空計畫受此影響而加緊腳步研發，體型精巧的電腦應運而生。我由於吸收了大量太空旅行的故事，早就預期人類很快便要進入太空了，因此對於旅伴號人造衛星的發射，以及太空時代的突如其來，毫不感到驚訝。但是我記得當蘇聯領先進入太空，以及他們的人造衛星時而劃過我們頭頂，在星光閃爍的天空若隱若現時，激怒了許多奧爾托納市的居民。

我深信電腦將在不久的將來大行其道，並寄望於電腦有朝一日發展成人工智慧之後，對製造時光機器有所幫助，因此決定以「電子計算機在我們的未來擔任的角色」為題，準備我的高三英語演說。我沒有提到一丁點我的時光機器計畫，以免受到他人嘲笑，但是我搬出一點「陰陽魔界」式的設想。我要求同學想像我們已經進入二十二世紀，藉電腦之助已經登上了所有的行星，正開始向外探索恆星。從那兒開始，我繼續把幻想攙入現實之中，其中至少有一部分是十年內極可能實現的。

我的英語老師羅德女士，將她對莎士比亞的愛好傳授給我及許多學生，她很慈愛的告訴我，我的英語演說是她曾聽過的高三演說中，最具創意者之一。

縱然在學業上我全力進取，也十分有自信，可是由於經濟上不許可，上大學是連門都沒有。我知道唯一能繼續接受教育的途徑，是先入伍從軍，退伍之後再藉由退伍軍人的助學金進大學，這跟我父親以前的做法一樣，他也是以此獲得他的電子訓練的。

我參加空軍的能力測驗，名列前百分之二十。招募人員說，以我的測驗成績，加上我曾經修過兩門電子課（第二門是我念高三時修的，涵蓋無線電接受器及電子線路的修理），保證我能進入空軍電子學校學習。然後他又告訴我一些其他的事情——戰略空軍司令部為了「作戰指揮系統」，正在裝設全國性的新電腦系統，需要大量電子技士。我馬上在入伍申請書上簽名。

招募人員說，如果我跟其他多數高中剛畢業的男孩一樣，夏天時想留在家裡，好跟朋友樂一樂，他可以替我安排九月再接受入伍訓練。

「我最快什麼時候可以報到？」我問道。

他笑一笑，以為我開玩笑。

但是，我當然不是開玩笑的。

「長官，請盡您所能安排我早日離開此地。」

兩個星期之後，我搭上火車離開奧爾托納。

坐在靠窗的座位上，我望著自己搭乘的列車蜿蜒爬上宏偉的亞利加尼山脈的陡峭山坡，默默想著。我不知道在未來等待我的是什麼，但是我已迫不及待，想要展開我的未來。

第五章　往夢想的方向前進

到了德州聖安東尼附近的萊克蘭空軍基地，下了巴士才僅僅幾分鐘，我就和許多同時入伍的青年一起，遭一個嚴厲暴躁、外號為「灰狐」的訓練班長吆喝。他宣稱從沒見過這麼多糟糕透頂的「彩虹」，這是形容我們這些新招募來的平民，穿著五花八門，他說如今連我們的母親都救不了我們，從今以後，我們的生命以及身體上的每一器官，都屬於他及美國空軍的了。

我開始想，入伍是不是一個天大的錯誤？

我們在令人窒息的燜熱中，四處跑步鍛鍊身體，即使地獄也絕對沒有德州的夏天那麼熱。當氣溫達到攝氏四十九度時，軍營裡便升起紅旗，指示當天不再跑步，留在室內活動。可是溫度達到攝氏四十三度或四十六度時，紅旗並不會升起，因此新兵一個個昏厥的情景，每天都在發生。

入伍基本訓練本來一共八個星期，但我由於還要進入技術學校訓練，所以基本訓練六個星期就結束，到了學校先繼續最後二週的基本訓練，然後才開始電子課程。雖然我很高興離開德州，但是當我搭上巴士，前往密西西比州比洛克夕的基斯勒空軍基地時，我懷疑我是否從熱鍋中跳出，卻掉入烈火中。基斯勒基地據說是頂尖的電子訓練中心，我能到此上課固然覺得很興奮，可是另一方面，我從小就聽過密西西比州那些異常駭人的故事。

一九一二年，就在母親全家北遷之前五年左右，母親的姊姊拉文妮出生於密西西比州的科修斯可。拉文妮姨媽是很和氣的人，身高僅有一五二公分，是我的教母，我喜歡在放暑假時去克雷斯堡探望她和喬治姨丈。我逐漸長大後，想要知道她在密西西比州成長時的生活情形。她每談起她的父母在日常生活中所承受的侮辱，就難過了起來。

她說有些商店是不許黑人進去購物的，拉文妮姨媽記得有一回，外婆帶了她去買麵粉（外婆幫某農戶採棉花），姨媽記得那個店員對著外婆大叫：「喂，妳不是某某小姐家的黑鬼嗎？妳不知道沒有她的帶領，你是不能進來買麵粉的嗎？」拉文妮姨媽跟我說，對於白人來講，黑人是沒有名字的，只是他們主人家的「黑鬼」。

我於一九五六年搬到奧爾托納後不久，便從表哥那兒聽說關於某個黑人的恐怖事件，那個黑人青年自北方回到密西西比州探親，僅僅不過因為向一個白人婦女吹口哨，就慘遭謀殺。

我後來發現，實際上每個成長於一九五〇或六〇年代的黑人男子，都聽說過同樣的故事[7]，反應全像我和我表哥一樣震驚和憤怒。那冷酷的故事是在非裔美國人社區流傳的傳說之一，是為了給我這種快成年的男性黑人青年的教育。「我們最好離開密西西比州遠遠的。」我在北方的表哥和我都有同樣的想法。

但六年後，我卻坐在巴士上往哪兒奔去。巴士跨越州界，進入密西西比州時，經過一叢叢開著花的不知名樹木，有人說那是木蘭花樹。我反覆思考姨媽和表哥們告訴我的故事，我正要回到我的祖父母及外祖父母，因逃避種族歧視而離開的地方，我懷疑，時代已經變了嗎？密西西比的一切都改變了嗎？

比洛克夕靠近密西西比州東南隅，是座落在墨西哥灣海岸的一個小鎮，我們抵達基地那天，天氣相當炎熱，我一下巴士立刻感覺到衣服黏著身體。馬上我們便忙得七葷八素的，因此我好一陣子根本沒時間想起那些故事。

我第一次拿到離營通行證時，就和幾個同學到比洛克夕去走走。我注意到的第一件事，是那些我從沒見過的告示：「僅許白人進入」、「禁止有色人種」等等。然後就是當我和白人士兵走過時，當地居民的冷眼相看。

那是在「民權法案」通過之前，正當金恩牧師活躍的時期；我明白我的祖父母舊日居住的老南方，在各方面依然如同過往，也瞭解他們為何再怎麼艱苦，也要跑到北方來謀生，以及在父親前往海外作戰之前，為何外祖父母不允許母親來密西西比州的軍事基地探望父親。

空軍之間悄悄流傳一些故事，內容關於黑人在比洛克夕誤闖不當區域而失蹤。根據聯邦法律，我們在基地內的任何地方，都可以受到平等對待，但一離開基地，情況就大不同了，我們不能從漢堡店的正門走進去——「有色人種」會被噓到後門或只能從送貨門進去。

為什麼別人是以皮膚的顏色，而不是我個人的基本價值來評斷我？我對這種肆意羞辱，心懷恐懼和憤怒，那些在遷入奧爾托納後不久即洗刷掉的偏激態度，又開始糾纏著我。

第一次進城回來後，我的憤懣是顯而易見的。我今天穿著國家的軍服，有可能因服從命令死於國旗下，卻不能與其他公民一起平等的住在這個國度裡。我那時即發誓，受訓期間（六個月的基礎電子學加三個月的高級訓練）不再踏出營門一步，下定決心把餘暇都用於學習、閱讀和看電影上。除了聖誕假期回家那次，其他時間我都堅守誓言，沒走出基地。

沈重的電子訓練課程，對於抒發憤怒及其他種種情緒，有一點幫助。訓練分成二十個稱為「段」的單元，前面十三段專注於基礎電子訓練，其餘七段是電子計算機基本知識的加強訓練。我已經從高中課程中，熟諳許多基礎電子學，而電腦訓練對我來說是新知，非常令我著迷。我們必須學習特殊的數學技巧，叫做布爾代數，這種代數幫助我們明瞭電腦處理數據的方法。

布爾代數是電腦用的「二進位」演算法，二進位制僅有1和0兩個數字，但這就可以代替普通的十進位制。例如，普通十進位的序列（0、1、2、3、4），可以用二進位的（0、1、10、11、100）來代替。電腦線路圖是很簡明的工具，線路若非「連接」（用1代表），即是「分開」（用0代表）。由於線路行為如此簡單，所以電腦可以用二進位的方式處理數字。

一九六二年十月，我自我禁閉的意念，因戰爭爆發的威脅而稍稍減弱。我到基斯勒空軍基地後不到一、兩個月，美國便因古巴飛彈事件的衝擊，面臨與蘇聯爆發核戰的局面。由於我們這期的學生尚未完成訓練，在專業上幫不上什麼大忙，大家胡思亂想，認為上面會發給我們每人一枝步槍，把我們送到佛羅里達州去戍守海岸。那是大難臨頭時，為解除緊張所生出的黑色幽默，當時我們以為核戰即將到來，蕈狀雲不久將在地平線升起。

然而，在這世界逃過了核戰浩劫的慘劇後，我又再度為了生存於密西西比州而掙扎。

清醒時，在上課之外的時間，我大多都待在營區的圖書館裡以排解寂寞，我長期以來一直對愛因斯坦的著作感興趣，此時更是渴望能進一步瞭解，這位支撐許多著名理論及方程式的靈魂人物。在書架上瀏覽一遍，我發現了米寇摩爾寫的《愛因斯坦略傳》，我在圖書館光線充足的一隅坐定，翻開書本，瞬即讓愛因斯坦的人生吸引住了。

愛因斯坦第一樁令我意想不到的事是：他有孩子。作者在附注中說，他曾訪談過愛因斯坦的長子。我以前讀過的書裡都沒提到愛因斯坦有家庭，當我發現這位偉大的天才原來也是一個父親時，他的事蹟變得更為真實。

愛因斯坦出生於一八七九年三月十四日，德國烏爾姆市一個小康的猶太家庭裡，後來成長於慕尼黑。他的工程師父親赫曼把全家遷往義大利米蘭，獨留下愛因斯坦在德國，打算讓他念完高中後再去會合。愛因斯坦對於給單獨留下來，感到異常不樂，時常藉故跟老師頂撞，因而遭到退學處分，他旋即趕往義大利的家中。他立志要做科學老師，於是到瑞士阿勞的一所中學取得畢業證書，十七歲時進入有名的蘇黎世理工學院讀書。雖然父親督促愛因斯坦進職業訓練班，學習電機工程之類的技術，可是他一心一意要探究科學世界，決定專攻數學與物理學。大學畢業後，他與主修數學的同學米麗娃．馬瑞可結婚。愛因斯坦由於一時無法覓得教書的工作，於一九〇二年到設於瑞士伯恩的瑞士專利局擔任辦事員，三年後向蘇黎世大學提交論文，同年獲得了博士學位。

我深深感受到愛因斯坦對人生方向的堅持；他於摸索期間，以愛默生的話砥礪自己：「如果一個人堅定不移，發揮天賦才能，全世界將會以他為中心。」有人形容當時的愛因斯坦為「和氣保守的俊美青年，唇上有謹慎修剪的黑髭，頭上的黑髮梳理整潔。」我承認這個形象與我所見過的照片中，老年愛因斯坦一頭白髮蓬鬆的樣子，很難產生連結。「只有眼睛散發出與眾不同的光芒，既深思又活躍，具有無限的精力及敏捷的洞察力。」

愛因斯坦取得博士學位的那一年（一九〇五年），也是公認的「愛因斯坦神奇之年」。那一年，愛因斯坦一口氣發表了五篇論文，首度獲得國際上的令譽：第一篇討論光電效應，文中說明了光的粒子性；第二篇討論如何測量分子的大小；第三篇討論布朗運動，展示了分子的存在；第四篇提出狹義相對論；第五篇補充他的狹義相對論，包括發表後立即家喻戶曉的質能互換公式：$E = mc^2$。才不過二十六歲，愛因斯坦已經光芒畢露，有許多教授及研究的職位任他選擇。

愛因斯坦早年的生活很多姿多采，一九〇四年他的長子漢斯出生；一九一〇年擔任蘇黎世大學教授時，次子愛德華出世。愛因斯坦於一九一四年回到德國出任柏林大學教授，此事似乎造成他與米麗娃之間的問題。到了一九一九年，愛因斯坦與米麗娃離婚，馬上和表姊愛爾莎結婚。

愛因斯坦活得寫意，興趣廣泛，會拉小提琴和駛風帆，我發覺他在湖上蕩舟時，曾構築出他最重要的思想。無論生活中發生了什麼事，愛因斯坦仍專心一志，致力於工作。我也發現愛因斯坦自認為，他於一九一六年發表的廣義相對論，是他最偉大的成就，他有時候把廣義相對論稱為他的「重力理論」。

米寇摩爾還提到，愛因斯坦曾寫過一本散文集《想法與觀點》，我在圖書館找到了這本書，對愛因斯坦除了科學，還對那麼多不同的題目有興趣，覺得十分意外。我簡直不能相信，他寫出一篇題為〈少數族群〉的文章。我看過這篇文章後，因他深入瞭解美國黑人面臨的問題，而深受感動。他滔滔雄辯有關「美國黑人」的「悲劇」及「歧視」，使我愈加敬佩愛因斯坦，因為他不僅是偉大的科學家，也是偉人。

愛因斯坦曾說過：「想像力比知識力還強大。」世界上所有說過這類話的人，或許都是受這位二十世紀最偉大的知識份子所啟發的。愛因斯坦到底有怎樣的想像力呢？我很好奇，愛因斯坦會認為，我的想像力能把我帶往何處去呢？他會不會覺得我製造時光機器的夢想太玄、太狂——還是認為它很有想像力及可能性呢？

⌛

九個月後，我完成了電子和電腦的訓練，對於下一步的去處感到十分興奮，特別是可以離開南方這點，更讓我高興。空軍承諾，如果我們是前十名畢業的（這一點我辦到了！）可以選擇到戰略空軍司令部的基地服務。我請求派至最接近費城，也就是最北部的據點服務。

我很快便在俄亥俄州哥倫布市郊的洛克玻恩空軍基地安頓下來，我的工作是協助維護戰略空軍司令部空中加油機聯隊的電腦系統，負責維修占一個房間大的半導體電腦主機，該系統用於管控空中加油機的部署狀況，也用於管控B-52型轟炸機的部署。若是電腦罷工（這很少發生），我便立即發動備用主機，然後檢修硬體有何故障，或請軟體專家來修理。任務十分輕鬆，我只要坐在桌子前，眼睛盯著燈號，一閃一閃的綠燈代表一切正常，當偶然一見的紅色警示燈亮起時，再迅速採取行動。

我自願擔任值「墓園」班（從午夜至早晨八點），那時段上級長官甚少在旁，因為他們喜歡上白天班。很多已婚的技士同仁，也很希望晚上留在家裡，因此兩年的服役期間，我一直擔任墓園班的工作。

我單獨坐在管制室裡直到清晨，只要綠色指示燈一直亮著，我就可以隨心所欲閱讀書籍和學習。墓園班非常適合讓我補習功課，空軍鼓勵官兵利用函授班進修，於是我忙著報名各種課程。我沒有什麼交際活動，因此有充分的時間讀書。到了測驗時，我就到一間辦公室報到，在監考人員面前考試，試卷是以郵寄方式繳回，改過評分後，會再寄還給我。

雖然函授的高等數學，因為沒有教師當面講解方程式，可能在學習上會遇到困難，可是我喜歡一而再、再而三的解方程式，而且通常都能解出來。我經由函授選修了代數二、幾何、以及叫做「固態元件」的課（空軍電腦技士進修教育的必修課），這是以代數為演算基礎的課程，課程中有一部分闡明半導體和電晶體的基本物理性質。

我在基斯勒的時候，已經接受過例如電晶體等固態元件的課程了（戰略空軍司令部的電腦，已經全面使用固態元件取代舊式的真空管），可是這門高級課程更深入詳細討論「電子」這種最輕的帶電次原子粒子[8]。我在此課程中學到，電子不僅有粒子性，還有波動性。我早先的技術訓練從未提過電子的這種雙重行為，打從中學的電子學開始，我便以為電子像小彈珠一樣，在真空管內快樂滾動、擊出火花。

函授課程的作者群繼續指出，一位名叫薛丁格的奧地利物理學家，首先建立闡明電子性質的波動方程式，電子的波動行為讓它能穿過障礙、做出各種神奇的事。他們指出，要瞭解波動方程式，所需要的數學訓練遠超出本課程的範圍，雖然讀者可能不知道這方程式創造出什麼，但是他們願意展示該方程式，讓讀者以欣賞藝術品的角度來觀賞：

$$\frac{\partial^2\psi}{\partial x^2}+\frac{\partial^2\psi}{\partial y^2}+\frac{\partial^2\psi}{\partial z^2}+\frac{8\pi^2 m}{h^2}(E-V)\psi=0$$

作者說得對，我完全不懂這方程式在說什麼，但仍受它的對稱之美感動。我抄寫這方程式，好像經過我的筆下寫出來，方程式就會更有意義。我喜歡波動方程式以及那些重複的數學符號。電子特性能造成這樣堂皇的數學陳述，讓我決定以最大的努力對電子做更多的學習，寄望有朝一日，我能夠瞭解薛丁格方程式裡的每一個符號。薛丁格以這個方程式，在一九三三年獲得諾貝爾物理獎（與英國物理學家狄拉克共享），理由為「發現原子理論的新而有效的形式」。

大約從那時開始，我自認為我正在自我開發，我隱然覺得我的知識之翼逐漸展開，我要將自己塑造成一個知識豐富的科學家，我不斷不斷的閱讀。

我們可以選擇在基地用膳，或每月領取伙食費，自己解決飲食（仍然能在餐廳付錢吃飯）。我選擇領取伙食費，但照我的老習慣：省下飲食費來買書。到月底我的飲食費快見底時，就要節食，只喝巧克力牛奶配洋芋片。

我翹首盼望固定進城的日子，自況為我的「哥倫布書籍突擊日」。我最愛逛的是一家舊書店，它專門廉售科技類叢書，我在那兒發掘到一些精采好書。

何夫曼寫的《量子的故事》是不用數學說明，卻仍忠於量子力學觀念的一本書。量子力學是數學物理的分支，討論的是原子及次原子體系。「量子力學的地位迅速攀升，掌控了現代科學及哲學，」何夫曼寫道：「其間的故事充滿令人難以置信的戲劇性與奇遇。」這本書讀來確實像是北極探險記似的，我深深著迷。我讀何夫曼的書時漸漸領悟出，像薛丁格這類以數學方程式解釋這個世界的人，全都是理論物理學家。我開始認真思考，關於製造時光機器的必要技術，物理學可能比工程學更適合。

賴文所著的《電子的量子物理》是研究所一年級程度的教科書，我在值大夜班（墓園班）時第一次讀到它，雖然當時不知所云，但我仍然決心保留該書，心想將來總會看得懂，即使那可能要好一陣子以後。書的首頁建議讀者，若想充分瞭解書本內容，必先熟悉向量微積分、初等矩陣代數和基礎物理。

討厭的是，我的夜間學習有好幾回遭到中止，舒適的作息受人打擾。這些不愉快的事情，都是發生在少數幾次我不得不上白天班或小夜班時。這種時候，充滿偏見的醜臉偶然就會在眼前出現。

譬如有一個技士經常精心打扮，應該是有人曾恭維他長得像「貓王」，他也自以為很了不起。有個下午，這個假「貓王」站在我的桌前說：「馬雷特，你看來像極了小山米戴維斯呢！」從他說話的口氣，我強烈感受到其中的不懷好意。我承認由於節食導致體重減輕，我確實像黑人明星小山米戴維斯一樣，是個瘦皮猴。我微微一笑說：「是嗎?那你有沒有見過戴維斯太太呢？」當然，我指的是那位瑞典女明星梅布莉特。假「貓王」瞇起了眼睛，勉強擠出笑臉便離開了。我對於能制住他，覺得還挺痛快的。

滑稽的是，我當時讀過小山米戴維斯的自傳《我當然能》，獲得許多啟示。他是極成功的黑人，隨心所欲過自己的生活，我以戴維斯為師，來抗拒他人的歧視。在第二次世界大戰期間，戴維斯在陸軍服役，有一回一群自南方招募來的新兵，因為看到他和一個白人女軍官講話，就包圍他，用白漆澆灌他全身。過了不多久，戴維斯的表演天分讓他得以調派到特種部隊工作，他從那時開始瞭解到「我的才能是唯一能使我稍微與眾不同的地方，也是用來自我保護的唯一希望：因為我與眾不同。」

我從戴維斯的故事裡開始懂得，我也同樣可以找到不受歧視的保護，我可以善用自己的技術和才能，使偏激者難以找碴。我全憑靈機一動應付種族歧視。同時，我也承認由於戴維斯的故事，燃起我的叛逆心態，對白人女子產生了興趣，我開始動腦筋幻想，哪一種女子將會進入我的生活（我到此時還未曾約會過，更不曾吻過女孩子）。我一定要能和她互相溝通，而互相尊重也是很重要的。

大約在那個時候，我去拜訪愛絲特表姊，她是在紐約市工作的X射線技術員，她極為崇拜我父親，我總是愛聽她追述我父親的故事。在那回拜訪她的時候，我私下告訴她我很寂寞，承認我在女性面前十分害羞，自憐自憫地認為，我恐怕不可能找到女朋友了。

愛絲特表姊勸我無須擔心，說一旦我離開空軍進入大學，交女朋友方面就不成問題了。她又說我的問題或許在於，我對女孩子缺乏興趣，「除非她如愛因斯坦般聰明，又如瑪麗蓮夢露般漂亮。」一語道破我所認定的完美組合，真的是如此。愛絲特表姊早就知道我崇拜愛因斯坦，可是她那提到瑪麗蓮夢露的無心玩笑，卻造成了我的另一個渴望。（直到今日，我家中書房裡僅有的兩張照片，就是愛因斯坦和瑪麗蓮夢露，客人看到這兩張照片擺在一塊兒，必定會倒豎眉毛：其中一張是理論物理學家理所當然會掛的，但另一張卻不然。）

我曉得大家認定夢露是世界上最美麗的女人，她是大多數男人想擁有的對象。我當時馬上決定，要多知道一些她的事蹟，便開始閱讀我所能找到，有關她的生活與事業的每一件資料。我獲知諾瑪·珍·貝克（瑪麗蓮夢露的本名）自己赤手空拳打出了天下，當下非常讚賞她的意志及衝力。我的叛逆之心夢想著，生命中會有那麼一天，擁有如瑪麗蓮夢露或梅布莉特那般美麗的白人女子。我發覺我自己一想到，「不知密西西比州的那班土包子到時候會怎麼想」時，就會得意起來。

我的役期過半後，想出人頭地的心情比從前更強烈。如果我將來進大學，要能把書讀好，有意義的改善人生、達成目標，那麼在這些漫長的夜班當中，我必須專心一志，自習量子論和相對論才行。

⌛

在一次「哥倫布書籍突擊日」中，我從塵封的書架上解救出一本書，這本《量子電動力學論文選集》，是由施溫格編輯的。施溫格在前言中，給量子電動力學下的定義令我嘖嘖稱奇：「這理論是量子動力系統與帶電粒子的交互作用」。我對於這句話的意思只有很模糊的觀念，但是我幾年來不論到哪裡，都帶著這本論文集，如今我仍然把它放在書房的書架上。

有一段時間，我以對施溫格的前言瞭解的多寡，衡量我在量子力學知識上的成長。該書蒐集了許多著名科學家的原始論文，包括美國物理學家費曼的〈正子理論〉。跟施溫格不一樣，費曼的寫作方式十分親切易懂，他的正子理論說明正子是電子的反粒子，實際上是在時間之流裡倒流的電子。我因看到「在時間之流裡倒流」成為科學用詞而極為興奮。由於費曼那易懂的「費曼圖」（這是費曼發展出來，表現基本粒子交互作用的圖解法），我立刻能掌握費曼理論的大意，而無須徹底瞭解他用以導出結論的全部數學。[9]

有一冊多佛出版社印行的平裝本《相對論原理》，雖然很破舊了，由於封面上有愛因斯坦的肖像，所以我很自然就買了下來。書中追溯相對論的演變，蒐集了愛因斯坦及其他著名物理學家的許多論文和演說。這本書變成我的聖經，指引我將來在研習物理上的讀書方向。我想知道愛因斯坦有關廣義相對論的基本論文中，有沒有提到時光旅行。當時，我對相對論只懂一點皮毛，因為這篇文章是高度專業的論文，裡頭使用的數學我根本都不懂。

我把愛因斯坦的論文拿給在空軍裡最要好的朋友保羅·夏托克看，保羅也是電腦技士，比我稍長幾歲，也已經大學畢業了。他是我結識的第一位真正的知識份子，讀過所有古典名著，能隨意和我討論並跟我介紹著名的哲學家，如笛卡兒及康德等。他起先是報名當軍官，可是在接受飛行訓練時改變信仰，成為「再生基督徒」，因而拒絕當戰鬥機駕駛員。他那時正在服剩餘的士兵役，計畫離開軍隊後進入教會服務。

「保羅，總有一天我會讀懂這篇論文，而且讀起來就像看漫畫書般簡單。」我很認真的告訴他。

論文中的數學也超出他的能力所及，他笑一笑說：「那就祝你好運！」

（不幸的是，我多年來與保羅失去聯絡，假使我再遇見這位空軍弟兄，我要告訴他的第一件事是：「保羅，我做到了，那篇論文現在對我來說，真的是簡單易懂。」）

由柯伯恩主編的《現代科學與技術》是很厚的一本書，花了我將近一個星期的伙食費才買到，它涵蓋約八十篇各類科學與技術領域的文章，其中〈時空動力學〉是惠勒與提爾森兩人的共同著作，他們不用術語，清楚解說了時間與空間如何受物體彎曲，也解釋時空是可以展延的，這又是另一個讓我腦筋震盪的新觀念。由英國物理學家兼數學家牛頓所提出，兩百年來廣為世人接受的重力理論，「重力因物體的存在而產生」，已給解釋為「愛因斯坦向前跨出一大步，把重力自物體間解放出來，用幾何學的觀念取代之——把重力看成時空的曲率。」

如果要說我在空軍服役時的閱讀裡，缺少了什麼環節，在我找到一冊一九四九年版的舊書之後，可算是填補上了，這是由施爾普編輯的《愛因斯坦：哲學家兼科學家》。這本書是為了慶祝愛因斯坦七十歲壽辰而出版的。書中有一篇由奧地利數學家兼理則學家哥德爾於一九四九年寫的論文。哥德爾在一九三一年發現的一則數學定理，是二十世紀最重要的發現之一。「哥德爾定理」指出，不可能定義出一個完備、又具有一致性的數學規則系統，因此數學永遠不會建立在完全嚴密的基礎上（也就是說，某一程度的不確定性必然存在）。

我讀到哥德爾與愛因斯坦兩人，在普林斯頓高等研究院共事時，如何結為摯友。由於這段友誼的關係，哥德爾也進入了廣義相對論的領域，並且還利用廣義相對論來研究宇宙學，推導出一種宇宙模型。然後我看到了哥德爾論文中的一段金玉良言：「在這些世界裡，想要旅行到過去、現在、及未來的任何時段，然後再回到原先的時段，是可能的，正如在其他的世界裡，也有可能旅行到太空中遙遠的角落一樣。」我讀到這段話時全身顫抖，並把整段話畫線，重複誦讀至我能全部背出為止。

同在這本書中，有一段愛因斯坦給他這位朋友的讚美：「依我看來，哥德爾的論文替廣義相對論做了重要的貢獻，尤其是在時間觀念的分析上。」

雖然那時候我不懂愛因斯坦的廣義相對論，這個理論一直到大學高年級時，我才漸漸瞭解，可是我心裡有數，要開啟神祕的時光旅行，踏入過去之門，那把鑰匙必定是廣義相對論。同時，哥德爾和其他人所闡述的廣義相對論，對我猶如交響樂一樣，我雖然看不懂樂譜與音符，也不知道交響樂是怎麼寫成的，但是我喜愛交響樂。

在洛克玻恩空軍基地裡，我不閱讀時的主要娛樂是看電影和看電視，由於我還未曾交過女朋友，所以都是單獨去電影院的，持續我少年時代就養成的習慣：買一包爆玉米花和一杯可樂來看電影。又因為我一直到午夜才上班，所以可以在軍營中的康樂室看每日傍晚的電視節目。

一九六四年，我又著迷於一部新的科幻影集，它就像中學時期的「陰陽魔界」一樣，完全抓住我的想像力。那個新影集名叫「第九空間」，我第一次聽到開場白，便完全給吸引住了。這引言模仿「陰陽魔界」中瑟林那神祕兮兮的風格，在每一集的片頭用單調的電腦化聲音說出：

你的電視機沒有毛病，別試著調整電視畫面，我們正在控制播放。如果我們要讓它大聲一點，我們會提高音量；如果我們要有柔和的聲音，我們會調成輕聲細語。我們將控制水平，我們將控制垂直，我們能轉動圖像，使它飄動不停。我們能變化焦距使畫面模糊，或讓它如水晶般明亮。接下來的一個鐘頭裡，請你安靜坐好，我們將控制所有你將看到的和聽到的。讓我再說一遍：你的電視機沒有毛病，你將參加一次偉大的冒險，你將體驗驚訝與神祕，自你的心底……直達「第九空間」。

從很多方面來說，「第九空間」正是為像我這樣的人拍攝的。我們在「陰陽魔界」影集中成長，自「陰陽魔界」停播後一直引頸期待新影集。新影集「第九空間」中也有許多同樣的道德主張和命運轉捩的情節，忠實守住了科幻想像的範疇。

有一晚，我看了一集時光旅行的故事，內容讓我驚悚不已。這一集的名稱是「從未出生的人」，是「第九空間」裡有關時光旅行故事中，一級棒的。故事一開始是說，一個太空人在太空中經歷了一次奇怪的亂流，然後降落在像是與外隔絕的行星上，遇見一個住在該行星上的奇異動物。這個奇形怪狀的動物名叫做安德盧。安德盧告訴太空人：不知怎麼回事，你穿過一個時間翹曲，結果降落到地球（而不是另一個行星）上某個遙遠未來的時代了。

安德盧又說，在過去太空人的時代裡，有一個生物學家發明了自以為能治病的新藥，結果卻引發一種新瘟疫，導致地球上的人類大量死亡，而倖存的人都長成像安德盧那樣的怪物。

太空人向安德盧建議，因為他穿過了時間翹曲，或許他能帶安德盧回到原來的時空，一起說服那位科學家停止實驗。安德盧同意了，可是當他們穿越時光障礙時，太空人卻因無法通過而失蹤了，留下安德盧單獨著陸地球。

安德盧四處遊蕩時，遇到了一個年輕女子，他勉強矇騙她說，他與常人無異。但是與她交談之下，他大為恐懼，因為他發現他來到的年代太過早了，與他交談的年輕女子，是那個會引發瘟疫的生物學家的母親。

故事中安德盧試圖改變那年輕女子的命運，勸說她離開未婚夫，並且說服她跟他回到未來。但不幸的是，他必須犧牲自己，因為改變她的命運也將會改變他的未來，他將不會出生。當安德盧和年輕女子穿越時光障礙進入未來時，他消失不見了，故事到此結束。

「從未出生的人」給了我很深的影響，它使我深思，回到過去，可能改變我的將來。

我在空軍的最後一年，將我帶回人間，面對現實。我先是調到行政部門，擔任了六個月的辦事員。正當我以為自己幹的是最無聊的工作時，他們又調我去當接線生，成天都得坐在電話總機前。等到募兵人員來面試我，想要說服我延長役期時，我告訴他，繼續當兵的想法早已灰飛煙滅了。謝謝，再聯絡！

一九六六年離開軍隊後，我回到奧爾托納的家。

我繼父替我安排了一個全職的工作，以為我會很高興。他靠關係幫我謀得城內一所加油站的經理職務。就像面對那個問我是否延長服役的募兵人員一樣，我也必須直視著繼父，對他說：「不了，謝謝！」

賓州州立大學早已經接受我進入他們的物理系。

第六章　一個物理學家的養成

一九六六年秋，我進入賓州州立大學奧爾托納校區讀書，開始了大學生的新生活。該校區的校園座落在奧爾托納市近郊，一處茂密的樹林裡，如同賓州州立大學其他校區一樣，提供二年制的課程；修完二年制的學生，可以轉入設於「大學城」的主校區完成四年制學位。我雖然並不喜歡在離家服役四年後，再回到奧爾托納並住在家裡，可是這樣我才能省下住宿費，用退伍軍人助學金交付學費、書籍費和其餘的雜費。

我從前一直夢想踏入大學校園，當全職的學生，我渴望學習每一門功課，甚至哲學。因為我在空軍自修時，深信哲學可以解答某些非技術性的問題，以及我那無窮無盡、關於時間本質的問題。

我的哲學課由年輕且熱心的講師瓦特金教導，在課堂討論時，我和講師兩人常常就笛卡兒和康德的哲學觀點及意涵，發生激烈且冗長的爭辯，我的真意是希望我們的討論，進入關於時間本質的問題，可是我找不到機會提出來。

有一天課後，講師叫我到旁邊談話，說他覺得我的學識已經超過班上的授課程度，既然我對課程內容如此的瞭解，他願意給我的成績打「A」，建議我不需上課，改成每週一次到他的辦公室，和他討論我最感興趣的、但超出課程範圍的哲學問題。我想他的意思是不要我在教室裡發問，這樣他上課才能不受打擾，讓課程順利進展。無論如何，我聽到要與講師一對一討論，不免惶恐，所以我急忙讓他明白，我只希望搞清楚時間的意義，沒有其他的意思。之後，他建議我去圖書館找奧古斯丁的《懺悔錄》來看。

進入奧爾托納的圖書館，就像是回到家似的；有幾位圖書館管理員還記得我，並歡迎我回來。我找到講師推薦的書，得知奧古斯丁是早期北非一座教堂的主教，實際上《懺悔錄》是由十三冊書籍組成的，每一冊各有不同的沈思。我最感興趣的一冊，標題為《時間與永恆》，第一章〈時間是什麼？〉，猶如特別為我寫似的。

奧古斯丁問：「那麼時間是什麼呢？如果沒有人問我，我自以為知道；如果要解釋給問我的人聽，我就不知道了。」一起先，奧古斯丁的回答令我失望，雖然我也是自以為知道時間是什麼，等到必須精準界定它時，就不行了。

我一路讀下去，發覺奧古斯丁不斷與「時間的起始」這個問題糾纏，究竟時間的起始指的是什麼？是指宇宙形成之際或更早？我很樂意推敲奧古斯丁在這章以及別的沈思中，討論時間本質的問題。可是我得到的不是解答，而是更多的問題。

雖然我在學校的學習很順利，但住在家裡卻是問題重重，老問題一再發生。繼父仍然毫無察覺我對未來自有打算，總是催促我退學去找工作，讓我們之間的隔閡更大，這令我更渴望父親在身旁，我知道爸爸必定會瞭解而且鼓勵我這種求知若渴的心態。而我的生活孤單又缺乏社交，讓情況雪上加霜。種種困擾讓我分心，很快就開始影響學業。

我聰明能幹的德文老師費克爾，必定感覺到我有些不對勁，主動向我伸出援手，堅持邀我參加「德語社」的活動。費克爾老師定期邀請學生到她家裡吃飯交際，她介紹我認識一位名叫瑪卓莉・季的纖細棕髮女孩。她一年前自賓州州立大學畢業，主修哲學，最近辭去費城的社工職務，回家照顧罹患腫瘤的母親。

在一次德語社的聚會後，費克爾老師要求瑪卓莉駕車送我回家（因為我一直懶得考駕照）。瑪卓莉既美麗又聰明，我們一坐進汽車，她立刻就開始聊起，當晚德裔美國物理學家穆勒的談話中，提到的技術問題。穆勒是「場離子顯微鏡」的發明人。[10]

瑪卓莉對物理和哲學同樣有興趣，閒來沒事時，她研讀德國哲學家海德格相當艱深的著作《存在與時間》。我告訴她，我想知道海德格對時間的本質有怎樣的見解。瑪卓莉跟我提出交換條件，如果我答應為她解釋，德國物理學家海森堡這位量子力學奠基者所創的「測不準原理」，她願意為我簡單說明海德格有關時間的理論。因為雖然她在大學修過物理，但一直搞不清楚「測不準原理」的意義。於是我們達成了交易，開始相約課後一起喝咖啡。

我告訴瑪卓莉，我是在空軍服役時看《量子的故事》時，第一次讀到測不準原理。我解釋說，量子力學規範物質與能量的世界，而測不準原理則是量子力學的基本原理。

我記得費曼在《費曼物理學講義》中舉過一個很經典的例子，說明我們為何需要測不準原理來解釋某些現象。我決定引用費曼充滿個人風格、且很好理解的說明，來解釋量子力學中的測不準原理。

我請瑪卓莉想像一個單純的氫原子，原子核是一個帶正電的質子，另外有一個帶負電的電子在軌道上環繞原子核運行。電子和質子的電荷相反，所以會產生相吸的電力。常識告訴我們，電子在軌道上環繞質子，將會漸漸喪失能量，最後跌落到原子核上。這種事若是迅速發生的話，宇宙中的天地萬物早在很久以前，就應該全都垮了。顯然此事不曾發生。為什麼呢？

我告訴瑪卓莉，這就是量子力學和測不準原理出場獻藝的時候了。

根據海森堡的測不準原理，我們不可能同時準確知道次原子粒子的位置及運動，這意思是說，假使你知道它確切的位置，你就不知道它如何運動。反過來說，假使你知道它如何運動，你就不知道它到底在哪裡。

我請瑪卓莉想一下電子在氫原子裡的狀況：當電子接近質子的時候，質子就能確切知道電子的位置，但是根據海森堡測不準原理，此時質子便無法知道電子是如何運動過來的。

質子為了要知道電子是如何運動的，就不會讓電子安靜的靠在身邊，質子會踹電子一腳，讓它滾離開質子；這麼一來，質子就知道電子是怎麼運動的啦，可是根據海森堡測不準原理，質子這時候就不知道電子跑哪兒去了。

不過，電子會再次試圖接近質子，然後又會讓質子給踹離開，電子就如此不停的奔來跑去……。如果我們依照測不準原理，去計算電子與質子間的平均距離，會發現這平均距離正是氫原子的大小。

「換句話說，」我對她解釋：「沒有測不準原理的話，電子會墜毀在質子上，氫原子也完蛋了。所以，妳明白吧，物質是因為量子力學和測不準原理才得以安定的。」

瑪卓莉覺得費曼的例子很不錯。

現在輪到我傾聽她的高論了。

她說海德格對一種稱為「Dasein」的觀念極為注重，「Dasein」基本上即是「存在」的別名。她又說，在《存在與時間》裡，海德格論述的問題是：我們如何存在於時間中。

一般人認為時間是線性的，我們通常想像時間如同流過身旁的溪流，昨日是已經流過我們的下游，明日則是尚未到達我們的上游。可是按照海德格的說法，時間不是線性的；我們存在的本質是一下子就遭遇全部的時間。他的時間觀念是，要同時考量可能存在於將來的全部多重可能性。

我與瑪卓莉進行的知識對話，有助於我重新專注於學習。由於我們喜歡彼此為伴，很快的她便邀請我去她家晚餐，見她的父母。

雖然瑪卓莉跟我都從未提起過，但我知道，她是白人而我是黑人這件事，對她的雙親可能是個問題。我寧願相信，做為一個物理系的學生，又是空軍退役軍人，而且還是個力爭上游的年輕人，我會因我是怎樣的人而受到接納。

瑪卓莉的母親十分友善，我馬上就喜歡她，可是等到她父親回家時，屋內的溫度突然跌到冰點以下。瑪卓莉後來告訴我，她的父親交代，絕不能再帶我回家。這我並不在乎。

滑稽的是，這事件反而促使我們更接近，我們幾乎每日見面，時常一談就是幾小時。一個春天的下午，我們開車到鄰近的小鎮荷利代斯堡兜風，到了奧爾托納的郊外時，她突然在某一個地方來一個急轉彎，開上泥巴路。我嚇了一跳，忙問她要開到哪兒去。她笑一笑，故作神祕的說：「等一會兒就知道了。」

路逐漸陡峭，走了快要一公里，我們在「煙囪岩公園」的標示牌前停車，然後我隨著她沿崎嶇小徑徒步前行。當我們走到開闊處，我看到一座巨石，形狀像是巨大的拇指從地下伸出，這塊巨石靠近峭壁，只要我們再靠近一點，就可以看見整個山谷呈現腳下，景色令人震撼。瑪卓莉說，全世界就數這個景點是她最喜歡的了。那一天天氣晴朗，頭頂上是清澈的藍色天空。我們並肩而坐，互相依偎，兩人都讓眼前的美麗景色迷住了。

終於我問她，她這輩子想要做什麼。

「我想學習更多的哲學。」她說。

接著她也問我相同的問題。

「我要設法製造一架時光機器。」我聽見自己這樣回答，雖然之前我只跟一個人，也就是在中學時向我的表哥講過，我要進行時光旅行，回到過去。我接著告訴她我父親的事，以及我如何渴望再見他一面等等。瑪卓莉很同情我的思父之情，問了我許多有關時光旅行的技術問題。有些問題我無法回答，只能做一些理論假設。她顯然是個聰明女子。

瑪卓莉和我似乎都感覺到，在那一階段我們兩人的人生，無論是時機或命運上，都有一種悲慘的味道——但是我們堅信，對方做的是重要的事。縱然我們從未成為愛侶，哲學和物理卻使我們在知識上結褵。

瑪卓莉的母親去世後，她父親明白表示，不再需要她留在奧爾托納。就在我們遊覽過煙囪岩公園後不久，瑪卓莉便遷往芝加哥，我的心也跟著碎了。

⌛

我再度把自己隱藏起來，對讀書也失去興趣。如以往一樣，當我需要躲避現實時，就從科幻小說裡尋找安慰。我進入奧爾托納分校的那個秋天，正是科幻小說史上新一波現象展開之際，那一年播出了電視影集「星艦迷航記」，我很快便沈緬於星際軍艦「企業號」的寇克艦長、史波克和其餘船員的太空航行及冒險故事裡。

我對一九六七年第一季將結束之際所播的一集，特別有共鳴，因為那一集既講到時光旅行，又提到失戀。這名為「永恆的邊城」的經典之作，成為「星艦迷航記」系列中我的最愛。故事敍述企業號上的船員遭遇到時間上的扭曲，這些扭曲是由某個行星表面發射出來的，當他們航向該行星時，麥考伊醫官不小心給自己注射了一種藥，整個人恍恍惚惚的，並把自己傳送到該星球上。等到船員抵達該星球時，才知道他們在太空中遭遇到的時間扭曲，是某古代文明建造的時光港口造成的。已經精神錯亂的麥考伊衝入時光港口，突然間船員們驚覺「企業號」星際軍艦失蹤了，他們曉得一定是麥考伊改變了過去某件事情，才導致他們的現在也被改變了。寇克艦長和史波克跟蹤麥考伊進入時光港口，卻來到一九三〇年代的一座美國城市。

在尋找麥考伊途中，寇克艦長愛上了社工琪勒，她最後將領導一項運動，延遲美國加入第二次世界大戰，希特勒於是能發展出原子彈，贏得戰爭。按照劇情發展，史波克能夠知道這一切，而且斷定麥考伊會拯救琪勒的性命。在一場令人哀傷難忍的場景裡，麥考伊原本要救琪勒不讓汽車撞死，但寇克艦長攔阻了他。琪勒死後，船員們回到他們的時代，「企業號」星際軍艦重新出現。這故事再次讓我深思時光旅行的錯綜複雜，以及它的許多未解問題。

我無法專心讀書，於是在一九六七年秋季學期結束後，離開了學校，跟在賓州州立大學認識的婦人桃樂賽・佛萊到紐約同居。桃樂賽剛從一段不幸的婚姻中逃出，比我年長九歲，一心想當老師。她有棕色的頭髮，棕色的眼睛，義大利人般的橄欖色皮膚，但卻是德國和愛爾蘭的後裔。她最令人欣賞的特色是那燦爛的笑容，那是每個人一見就會立刻注意到的。

桃樂賽是我告知，我想製造時光機器及其原因的第三個人。在我們認識兩、三個月左右，有一次坐在奧爾托納校園某座大樓的大廳裡，我講述了我的故事。桃樂賽很專注的聽我激動傾訴，我如何從少年時期便開始夢想回到父親身旁，希望設法防止他死於心臟病突發。

「我受教育的全部重點，」我強調說：「都與這夢想有關，所以我的學習才會著重在物理和數學上。」我說完後，她以感動的眼神注視著我，說她毫不懷疑有一天，我能成功製造出時光機器。就在那一刻，我俯身過去第一次吻了她。

起初，桃樂賽與我都是為了找到有智慧的談話對象，才建立起友誼。很快的，這友誼往前推進，我發現她易於相處，有她在我就覺得寧靜。她使我有安全感。

有一個協助退伍軍人的機構，幫我在馬凱特公司謀得實驗室技術員的工作。這家公司設於紐約的格林威治村，他們用有專利的可導電塑膠（通常塑膠是不導電的絕緣體）進行革命性研究，我的工作是製作及測試「農神五號」登月火箭上的電壓調節器。那還滿有趣的，但我熟悉製程後不久，它的一成不變就顯得無聊了。中午午休時，技術人員都聚在餐廳玩骨牌遊戲，我則寧可讀書。

一九六八年春季的某一天，研究員巴尼斯博士叫我坐下來談話，當時我正在他的實驗室工作，他問我看的是什麼書，我就讓他看我正在讀的《近代物理》。他詢問我的背景，我告訴他我曾在賓州州立大學修物理，也告訴他我的興趣是時間的本質及愛因斯坦的相對論，我解釋說，我決定暫時休學。

「那樣不對！」他說。從此以後，巴尼斯博士幾乎每天都勸我回學校完成學業，做真正的物理學家。不久後，他決定離開公司，在離職前一天，他叫我到實驗室一隅，要我承諾盡快回到大學讀書。

當天晚上，我回到桃樂賽與我同居的布魯克林公寓，告訴桃樂賽我對巴尼斯博士所做的承諾。桃樂賽已經在曼哈坦一家保險公司的精算部門找到工作，她很喜歡那份工作，也很喜歡紐約市的脈動，但是她說她覺察到我的不安，願意支持我回大學讀書。我們仔細詳談後，決定夏天回賓州。

在布魯克林，我們住在一棟褐沙石砌成的公寓，屋主是一個善良的牙買加婦人，她住在樓下，我們住在二樓，格局是一房一廳。四月四日傍晚，我們聽見屋主高聲尖叫，桃樂賽與我驚覺不對，急忙衝下樓去探個究竟。

「他們殺了金恩博士！」她啜泣著說：「金恩博士死了！」

突然間，震驚、憤怒和傷心對著我迎頭澆下。我清楚記得我第一次聽到金恩博士演說的情境。那是一九六三年夏天，當時我還在空軍服役，而那場演講就是他在首都華盛頓，一戰成名的「我有一個夢！」演說。我立刻愛上他深沈有磁性的聲音，以及他用言詞感動人和振奮人心的方式。

由於我不久前曾在密西西比州住過一陣子，金恩博士傳達的悲傷事實：「美國某些地方，於解放奴隸一世紀之後，對待黑人仍無多大改善，」立即打動了我。「百年之後，」他語氣激昂說道：「黑人的生命仍然在種族隔離者的手銬，和種族歧視者的鎖鏈下，哀傷的跛行。」

金恩博士以某種方式傳遞了希望；就這樣，他與許多像他一樣的民權運動先鋒，使美國真正做到「獨立宣言」中所立下的承諾：「所有人皆生而平等」。一九六四年民權法案通過並簽署時，這個希望終於在這令人歡欣的時刻實現了，那並不是第一步（美國憲法修正案第十四條才是第一步），但卻是非常大的一步。

如今，當初引領這個希望的人死了。

金恩遇刺後的兩個月，約翰．甘迺迪總統的胞弟羅伯．甘迺迪（民主黨總統候選人）也遭謀殺了，這樣一來，我就算曾經懷有任何一絲希望，認為我們黑人在美國已經快要達到種族平等了，現在也統統被剝削殆盡。在這兩樁暗殺事件中，我感受到美國這個國家的靈魂裡，有一些基本價值已經不見了。

一九六八年的夏季，我開始到設於大學城的賓州州立大學總校區上課。大學城位於賓州的地理中心，於奧爾托納的東北方約七十二公里處。

大學城在風景如畫的尼坦尼山的山腳下，是個有三萬八千個居民的安謐都市，居民大部分受雇於賓州州立大學。以大小而言，大學城是大都會型式的清新社區，具有格林威治村的城市氣息。我很高興到那裡，也很高興回學校讀書。

桃樂賽先在一家百貨公司工作，不久即謀得賓州州立大學大學部招生組的工作，接著升為組長的祕書。她喜愛她的工作，同時也因為能利用減免學費的方式在大學裡工讀而高興。

我重振精神專心讀書，現在我已經可以選修高等物理的課程，讓大學裡一些最優秀的教授，來指導我相對論物理及量子力學。由於我的勤奮，在那年的夏季班即首度爭取到院長獎。

我同時也列名於別的名單中，因為聯邦調查局派人來找我談話。

洛杉磯的瓦特區暴動事件發生之際，我仍舊在空軍服役，擔任夜班的工作，沈緬於書本及學習之中。當然，我警覺到我們的國家似乎正蹎蹼於種族戰爭的邊緣。

地位、權力及財富都不是有色人種所能輕易企求到的，我自己經驗過種族歧視，很能理解。然而，做為守法的公民並且又是軍人，我不會同情街頭暴力和搶劫。在我看來，表達不滿的方法很多，且都比燒燬鄰居的房舍更好。我也像金恩博士一樣，相信大多數黑人依舊支持以非破壞性的抵抗，對抗將我們進行種族隔離的法律與不平等的執法。

聯邦調查局的探員一開始就恭維我說，從我在空軍服役了四年，且獲得榮譽退役來看，就知道我非常愛國。他們說我現在仍然可以用另一種方式為國服務。

「怎麼個服務法？」我懷疑他們在打什麼算盤。

「我們希望你滲透入校園裡的黑人學生運動，」其中一個探員向我解釋：「把他們在會議中進行些什麼，以及有些什麼人參加會議，統統默記在心裡，定期向我們報告。」

我的表情一定是極度震驚，因為那位探員馬上改用和氣的語調，要求我擔任聯邦調查局的校園間諜，也就是抓耙子。

「我們並不真正在乎那些所謂的運動，」那同一個探員繼續說：「基本上我們只是照顧全體學生的利益。」

我對他們的建議非常難以接受：刺探學校裡的學生，無論黑人還是白人的都要，並回報他們的活動內容。我告訴他們我辦不到。

「好好想幾天吧，我們會再跟你聯絡。」

後來這兩個探員再來找我的時候，我告訴他們我的心意未變，答覆依舊是不。這時其中的一個探員冷冷的講出一句話：「好吧，你就繼續追求你的事業吧！」威脅的意味很明顯。他們要我知道，聯邦調查局隨時能使我的學術生涯發生意外。

這個事件使我對黑人權力運動更感興趣，我暫時丟下功課，去閱讀黑人作家鮑德溫，於洛杉磯瓦特區種族暴動事件發生前兩年前寫的《下一次將是烈火》。這本書燃起我對政府虧待黑人社區的憤怒，我更加下定決心，一定要成為物理學家。

我在總校區最先選修的課程之一是「近代物理」，我從這門功課裡，更深入學習愛因斯坦的狹義相對論，也終於開始充分瞭解，為何一具移動中的時鐘會有較慢的時間。這個概念是我在十二歲，首度閱讀《宇宙與愛因斯坦》時得到的。

在這門近代物理中，以一具叫做「光鐘」的儀器解釋這個概念，光鐘包含一支垂直的透明管，管的兩端各裝置一面反光鏡，光束可於反光鏡之間往返彈射。當光束自底鏡射至頂鏡、再彈回底鏡時，「光鐘」即發出一個滴答聲。假使「光鐘」向右或向左移動，從底鏡射出的光束便需要走較長的距離，才能到達頂鏡。在「光鐘」持續移動之下，從頂鏡彈回底鏡的光束也必定要走較長的路程，才能抵達原點。由於光束要用較長的時間才能從底鏡射至頂鏡，再自頂鏡彈回底鏡，所以移動中的「光鐘」便需較長的時間才發出一個滴答聲。於是，移動中時鐘的一滴答時間比靜止時鐘的一滴答時間來得長。也就是說，移動中的時鐘會有較慢的時間。

移動中的時鐘時間較慢，可由宇宙射線的實驗得到證明。宇宙射線是從太空的各方向，不斷轟擊地球的高能量基本粒子，射線中有一些粒子只能存在極短的時間，然後便迅速蛻變了。其中一種叫做「緲子」的粒子，生存期極短，它是電子的較重型堂兄弟，質量約為電子的兩百倍。據我們所知，電子不會蛻變；然而，緲子只能生存約百萬分之一秒，然後就蛻變了。

物理學家看到緲子的時候，馬上會遇到一個問題。緲子是在地球的高層大氣產生的，由於它們的生存時間那樣短暫，應該在通過大氣層的路途中就已經蛻變了，不可能讓我們在地表上看見它。可是物理學家發現，我們在海平面上會全身沐浴在緲子中，它們怎麼能存在那麼久呢？

沒有愛因斯坦的狹義相對論，就不可能瞭解那是怎麼回事。高層大氣中的緲子以接近光速的速度行動，由於速度如此之快，緲子內部的「時鐘」因而緩慢下來。用愛因斯坦的狹義相對論來計算，證明了接近光速運動的緲子，存活時間比正常狀態時多了八倍以上。快速移動的緲子存活得較久，因此能在蛻變前抵達地球表面。這說明了為何我們能在海平面看到緲子：快速移動的緲子把自己的時鐘變慢了。

這種「時間膨脹效應」也導致與狹義相對論相關的另一項猜想，這項叫做「孿生子弔詭」的猜想，是愛因斯坦喜愛的課題之一，我在讀他的著作時，也很注意這個題目。

「孿生子弔詭」是這樣的：設想於二〇三五年時，有一對二十五歲的孿生子：伏列德與吉姆兩兄弟。假如吉姆是兩兄弟中較愛冒險的一個，他乘坐一具接近光速的火箭去外太空旅行，前往距離地球二十五光年的一顆恆星——也就是說，這顆恆星發出來的光，需要花二十五年才能抵達地球。至於伏列德則留在地面上，看著他的孿生兄弟身上發生「時間膨脹效應」。

換句話說，當吉姆搭乘的火箭接近光速時，火箭內每件事物的時間都慢了下來，包括吉姆的脈搏跳動和新陳代謝作用。另一方面，在火箭裡的吉姆並不覺得有任何不平常之處，事實上，時間以正常的速率在吉姆的身體流過，他發現這趟旅行只花了將近五年的時間，即抵達目標恆星。但從伏列德看來，吉姆往返那遙遠的恆星一共花了五十年的光陰。

當吉姆於二〇八五年返回家園時，伏列德已經七十五歲了。然而，對吉姆的身體時鐘而言，他的旅行只花去十年的光陰，他才三十五歲而已。

這意思是說，吉姆的火箭已經成為一具時光機器，利用這火箭，吉姆僅用了十年時間，就抵達五十年後的未來地球。

科學家長久以來就很確定知道，這樣的時光旅行必將發生，因為我們已經看見緲子之類的次原子粒子，進行了類似的實驗。有朝一日，當科技進展到出現接近光速的噴射系統時，這種孿生子的效應就會很平常了。

到那時，我希望我們會採取社會學的一些方法，解決太空人出門執行任務，以接近光速的速度飛行，回家時卻發現他比他孫子還年輕之類的問題。

狹義相對論中這類與時間膨脹效應相關的時光旅行，是單向的行程，例如當吉姆於二〇八五年返抵地球後，他便再也不能回到二〇三五年去了。所以，愛因斯坦的狹義相對論只容許我們旅行到地球的未來，不能回到過去。對我自己而言，我對這個前進到未來的方向並沒有什麼興趣。

我從近代物理也學到，為什麼宇宙中沒有東西比光速更快。當一件物體的速度增加時，它的質量也會增加，其中的道理可以從愛因斯坦狹義相對論中，最著名的公式 $E = mc^2$ 找出來。這兒 E 是能量，m 是質量，c^2 是光速的平方。這個方程式也可解釋為：如果你對一件物體施加能量以增加其速度，部分能量將轉變成物體的質量。當物體逐漸變重，速度也逐漸難以增加，最後如果要使該物體達到光速，所需的能量會比全宇宙的能量更多。也就是說，我們絕不可能把一件物體加速到光速；我們只能接近光速，永遠不可能達到光速或超過光速。光速是宇宙中的最高速限。

⌛

這一門近代物理課也討論愛因斯坦的廣義相對論，廣義相對論給認為是愛因斯坦的重力理論。我從學習中知道，由牛頓於十七世紀發展出來的重力理論，有一個無法解決的問題，所以愛因斯坦不得不發明廣義相對論來應付這個問題。

在牛頓的理論中，重力存在於兩件物體之間，譬如太陽與地球之間；兩者愈接近，引力愈大，兩者分得愈開，引力愈小。但是，當你把重力與光速一起考慮時，會產生一些怪異的現象。

地球距離太陽一億五千萬公里，光速是每秒三十萬公里，所以光從太陽射至地面需要八分多鐘。假使有什麼摧毀了太陽的宇宙災禍發生，太陽遭摧毀後，在地球上的我們仍然看得見太陽，要八分多鐘後太陽光才會消失。可是，按照牛頓的理論，太陽消失後重力馬上消失，地球不可能感受到來自太陽的重力吸引。也就是說，在太陽遭摧毀後，我們還能看見太陽在天空八分多鐘之久，重力卻會立刻消失。失去了太陽的重力，我們雖然見得到太陽，但會發現地球在太空中急速飛走。

愛因斯坦說這是不可能發生的，因為這表示重力的傳播速度快過光速。愛因斯坦解決這個問題的唯一方法，是發展一套全新的重力理論。

用一個簡單的例子，就可以說明愛因斯坦的新重力理論。設想把一片薄橡皮繃在木框上（有點像馬戲團表演蹦跳翻滾用的蹦床），這繃緊的薄橡皮就代表空無一物的星際空間。假使我們在它的上面放一顆保齡球，薄橡皮會因球的重量而下墜成弧形。然後我們又在離保齡球一段距離處放一顆小彈珠，小彈珠會順著下墜的弧線滾向保齡球，直到碰上保齡球為止。

現在我們再想像，如果這一片繃緊的薄橡皮是透明的，我們只能看見保齡球和小彈珠，看不到薄橡皮，剛才發生的情形看起來便像是保齡球藉由某種吸引力，把小彈珠吸引過去。看來雖然好像是如此，但真正的狀況卻是保齡球把薄橡皮壓墜成弧形，小彈珠是順著薄橡皮的曲面弧線，滾向保齡球的。

愛因斯坦說明，偌大的穹蒼就像這繃緊的橡皮，換句話說，太陽那樣的重物能使橡皮周圍的空間彎曲下墜，地球即沿著太陽造成的弧面移動。如果地球沒有側向的運動，它會直接衝向太陽，恰如小彈珠滾向保齡球一般。但因為地球有很強的側向運動，它便恆定的繞著太陽轉，情況就像我外公愛看的滑輪飆速競賽那樣，穿著輪鞋的運動員在環形跑道上，一圈又一圈的繞行。

愛因斯坦的廣義相對論指出，重力的吸引力真的是因為重物把空間彎曲所造成的。有了把空間的彎曲看成重力的新觀點，愛因斯坦就能解釋光速與重力之間的矛盾了。在他的重力理論下，如果不幸有宇宙災禍摧毀了太陽，空間的彎曲會因太陽消失了而完全改變，可是這彎曲空間的變化需要用八分鐘的時間才能傳抵地球。只要我們看得見太陽，我們就仍然處於太陽創造出的彎曲空間上，就能感受到因太陽而產生的重力。重力是空間的彎曲，這個彎曲空間的傳播速度不能比光速快。[11]

針對廣義相對論，有一個很重要的實驗是測試愛因斯坦的一項預測，內容是關於光線接近太陽的重力場時，會發生什麼事。

當恆星來到太陽背後時，如果恆星恰好在太陽正後方，因為光線遭太陽擋住了，照理說我們是看不見這顆恆星的。可是愛因斯坦說，由於太陽彎曲了太空，恆星射出來的光在很接近太陽時，會受太陽周圍的彎曲空間影響，而轉變方向，我們將會見到這轉向的光線，使得恆星看來不是在太陽背後，而是在太陽的邊緣。

一九一九年，一項物理史上相當著名的天文觀測實驗，證實了愛因斯坦的猜測：星光受到太陽轉向了。這項觀測由英國人艾丁頓完成，他是那個時代最傑出的天文物理學家之一，也是最早認識愛因斯坦相對論重要性的科學家之一。

艾丁頓先在夜空中定出，正常狀況下被太陽遮蔽住的數顆恆星的位置，然後在一次日全食的機會中，他測出那幾顆恆星都座落在太陽的邊緣上，發現它們出現的位置偏離確實的位置，而之間的距離正是愛因斯坦所預估的。在一九一九年英國皇家學會的一次集會中，艾丁頓宣布愛因斯坦正確預估到，星光受太陽重力場轉向的偏差。

艾丁頓成功的觀測到愛因斯坦的預測，造成了國際間的轟動，愛因斯坦的聲譽也因此開始在國際間鵲起。部分原因是，愛因斯坦提到的彎曲空間新理論非常奇異，同時也由於人們盼望看到，剛打完有史以來最恐怖的戰爭（第一次世界大戰）

的這兩個國家——英國與德國，今後能在科學上合作。

賓州州立大學的近代物理課程，並沒有教廣義相對論的方程式，我第一次從平裝本的《相對論原理》看到這些方程式時，根本不知所云。要瞭解這組方程式，必須按照愛因斯坦的步驟去做，並要先學會稱為「張量微積分」的一種新數學技巧。

愛因斯坦完成狹義相對論之後，轉而研究重力問題，但是立刻就發覺他的數學工具不適合從事這項工作。狹義相對論所用的數學，是以普通微積分為基礎，這種微積分公認是計算在平坦空間中運動的數學。牛頓發展出微積分，是做為計算行星運行的方法。使用普通微積分時，我們假設空間是平坦、沒有起伏變化的。[12]

反之，張量微積分是計算彎曲空間中運動的數學，它處理任何形狀的彎曲空間都一樣有效。張量是向量的廣義化；向量的定義是有方向的線段，以畫一根帶箭頭的直線表示，就像在地圖上兩座城市之間畫一根直線箭頭一般，箭頭所指的方向即是向量的方向。張量所考慮的是，可不可能表示出，同時指向不止一個方向的量。

有一個關於張量的例子：網球被老虎鉗擠壓的應力。網球上的各個部位承受不同的應力，單一向量的量無法代表球上來自多方面的應力；惟有使用張量才能表示這樣的力。

愛因斯坦的廣義相對論中，物體造成太空中的應力，應力造成空間的曲率，這曲率一般稱為重力。因此，愛因斯坦需要引用張量來對付這新的重力理論。（雖然在愛因斯坦之前，張量早已有人探究過，但由於愛因斯坦的廣義相對論獲得成功，使得數學家及物理學家更廣泛的探索和應用張量。）

為了學習張量微積分，愛因斯坦特別請求他的老朋友，瑞士蘇黎世的數學教授葛羅斯曼協助。自一九〇五年至一九一五年，愛因斯坦共花了十年的時間，學會了張量微積分，並且完成革命性的廣義相對論。他使用張量微積分導出的著名的廣義相對論重力場方程式，如左所示：

$$R_{\mu\nu} - \frac{1}{2} g_{\mu\nu} R = kT_{\mu\nu}$$

方程式中的左式表示空間的曲率，右式代表物體的應力。方程式中的等號意指，物體的應力是以這樣的關係造成空間曲率的。

幸運的是，從愛因斯坦成名後，張量微積分的課程逐漸發展出來，讓未來世代的數學家及物理學家得以學習。鑑於我對廣義相對論的興趣，我決定選修由賓州州立大學數學系開授的張量微積分，我已經在修物理課程時選修過許多數學，一些物理系的師生還以為我主修的是數學。我發現張量微積分是滿容易學的一種數學語言，它讓我做好攻擊下一個目標的準備，下一個目標將是廣義相對論的技術面。

我在近代物理的課程中，才終於學到薛丁格方程式的意義。我還在空軍服役時，第一次在函授課程中見到薛丁格方程式，深受它的對稱之美感動。我下定決心有朝一日，必定要弄清楚薛丁格方程式的意義，這決心無疑指引了我學習物理，甚至帶我踏上我最終的事業之路。

薛丁格方程式中，有一個希臘文字母的符號 ψ（讀作 psi），這符號代表「波函數」，它並不是指出電子的確實位置，只是指出它可能在哪裡。量子力學的核心精神，是以波函數代表電子行為的「不確定性」，在任何特定的情形下，我們無法精確計算出電子會在什麼位置，僅能計算出它在那個位置的可能性。

薛丁格的波函數可以做這樣的解釋，是一九二六年德國物理學家玻恩首先提出的。當波函數以特殊的方式自己相乘，像 $\psi \times \psi$ 這樣，我們就此決定了電子在那個位置的可能性。在那個特定位置的 $\psi \times \psi$ 值愈大時，電子就愈有可能在那個位置現身。

我在思考量子力學的這項特色時，覺得十分奇異，因為它的意思是：電子出現在任何位置，都有某種程度的可能性。很快我就發現，原來愛因斯坦也跟我一樣，覺得那樣的解釋怪怪的。在我修完近代物理課程後沒幾年，讀到作家柯拉克的愛因斯坦傳記《愛因斯坦：生命與時間》，得知愛因斯坦強烈反對量子力學的機率概念。愛因斯坦基本上不同意量子力學的推手們，像波耳、海森堡、和玻恩等人的觀點。根據愛因斯坦的看法，這個世界是可以決定的——也就是說，在任何情形下，個別電子的行為是能被精確決定的。

愛因斯坦說，我們在研究大量的粒子時，可以而且也應該應用統計學。例如，當有多達千百萬個氣體分子時，我們可以決定的只有它們的平均行為。事實上，氣體分子運動的平均能量，我們便稱為溫度。

愛因斯坦是運用統計學決定物理體系行為的大師，他在為布朗運動所作的著名解釋中指出，懸浮在水裡的花粉顆粒看似隨機亂動，事實上是受到千百萬個水分子撞擊而造成的。布朗運動是英國植物學家布朗，於一八二七年以顯微鏡觀察到的，他發現懸浮水裡的花粉顆粒以鋸齒形路線抖動，這個現象因此名為「布朗運動」。在愛因斯坦發表這項一言九鼎的研究結論之前，物理學者一向質疑分子的存在。分子是化學純物質中的最小粒子，這種小粒子仍擁有該化學物質的化學成分及性質。[13]

雖然愛因斯坦在光電效應方面的研究，是他早期對量子論做出的偉大貢獻之一（光電效應證明了光子敲擊金屬，發射出電子），但遇到量子力學時，他卻是個不情不願的革命者，他不能相信需要用到統計學來解釋單一電子的行為。對於量子力學中的無數機率因子，他有一句著名的評語：「上帝不會跟人擲骰子。」

⌛

隨著我的學術生涯重回軌道，桃樂賽與我決定於一九六九年結婚。我們回來賓州州立大學後，桃樂賽已辦妥了她與前夫的離婚手續。我們的公證婚禮中，雙方家庭都沒有親人出席。

桃樂賽的父親肯・佛萊，對於她嫁給黑人極為不滿，宣布不願再見到她。好在他最後軟化了，和我的關係變得很好。我岳父曾經想成為工程師，但是從第二次世界大戰退役後，便為了養家而待在紙漿廠擔任鍋爐工，未能再回到學校讀書。他閱讀工程雜誌，喜歡跟我討論技術理論。

我跟岳父之間關係的進展，給我上了寶貴的一課，讓我知道如何以個人的接觸，超越種族差異並克服歧視。我岳父和我終於學會彼此尊重，甚至喜歡上對方。然而，我總是不覺得該把我對時光旅行的興趣告訴他。回顧前塵，我可以想像得到，身懷工程師未竟之夢的他，會一下子就以技術問題挑釁我的夢想呢。

桃樂賽與我加入了大學的浸信會，她還進了唱詩班，教會變成我們在賓州州立大學中社交生活的重心。我們的社交圈子裡沒有一個人是富裕的，朋友間的家庭聚會總是簡單隨意，每月一次和朋友去外面吃批薩、喝啤酒，就算是打牙祭了。我們沒有感受到別人以異樣眼光看待桃樂賽與我這對異族夫妻。我們有自己的朋友、自己的家庭以及我們彼此。

為了補貼家用，我找到一份夜間兼職，在一家貨運公司擔任電腦程式員。公司後來願意替我付學費，前提是我得改讀電腦，而且畢業後留在公司服務至少一年。那固然是很慷慨的建議，但我不能想像我放棄物理研究，何況我仍然有退伍軍人助學金，能代付全部學費及書籍費。另外，我又偶爾在當地的中學兼任代課老師，這個教學經驗讓我明白，將來我除了要從事有原創性的研究之外，還想在大學裡教授物理。

我於一九六九年的冬季畢業，取得物理學士學位，然後直升碩士班深造，接著於一九七〇年的十二月完成碩士學位。在碩士班將結束時，我開始尋找進入其他大學博士班的機會。一般來說，博士學位要四年全職學習才能畢業，不過，那還要看學生的努力、天分以及獨力研究的能力等等，有時花的時間會更多。

正當那個時機點，賓州州立大學的科學院副院長找我去談話，他說因為我在總校區的學習成績甚佳，他要提名我申請國家科學基金會的獎學金，如果獲得核准，那麼我攻讀博士學位期間，就不用煩惱財務問題了，能把全部時間用來研究，不必擔任助教，或找其他工作補貼收入。然而，獎學金是不可以帶著走的，我一旦接受，就必須留在賓州州立大學。如此一來，我不單是為了財務原因留了下來，並且也為了報答賓州州立大學及物理系給我的栽培。

我剛好知道我要跟哪一位教授做博士研究：那位傑出、破除舊習、魅力十足的哥頓・夫來明教授。夫來明在教學和研究上，都有崇高的聲譽，他有電影明星般的英俊外貌及低沈的嗓音，加上他的瀟脫神氣，在學生中及教職員圈子裡廣受歡迎。曾經一度，在全物理系教授當中，夫來明的研究生最多。他愛抽雪茄及騎機車，是真正的文藝復興人，在哲學系裡談笑自如，就像處在物理學家之中。在我認識夫來明之前，老早就聽聞他的大名，謠傳他的綽號叫做「閃電哥頓」，因為他能在黑板上飛快寫下方程式。

我修碩士時，在賓州州立大學物理系辦的學術討論中，作了一次報告，內容是關於愛因斯坦—英費爾德—何夫曼（ＥＩＨ）問題的研究心得。ＥＩＨ問題是深入廣義相對論的技術問題。廣義相對論通常需要兩組方程式來表達，一組是用以計算像太陽那樣的重物，所造成的彎曲空間的幾何；另一組則是為了決定地球之類的物體，在太陽造成的彎曲空間中的運動途徑。一九三八年，愛因斯坦和同事英費爾德及何夫曼成功展示出，僅需要一組方程式，就能決定太陽創造的彎曲空間的幾何，也能直接計算地球如何在太陽造成的彎曲空間中運動，並不需要兩組方程式。

從開始受教育以來，到此時我才發覺，我竟然很擅長記住、並重新推導冗長的數學演算。我比較容易記得有前後次序的事件，而不是頃刻擴展的；意思是，我善於記憶方程式的一步步推導過程，方式就如同記得音樂的曲調，是一個音符接著一個音符流洩出來的，而不是像看整張圖片般，直接看見整組方程式。因此，在我的學術討論報告中，我決定依賴我的記憶，在黑板上寫出並演算ＥＩＨ問題中的全部方程式。我知道夫來明教授會在聽眾當中，我必須承認我這樣做，一部分原因是為了讓他對我思考方程式的敏捷，留下好印象。

在提問及答覆時間中，一位教授問我，是否考慮過要跟隨哪一位教授做我的博士論文？我毫不猶疑，脫口就說：「夫來明教授！」我注意到夫來明驕傲的微笑。

我有興趣隨夫來明教授做研究，是因為他有一篇論文，標題為〈類時反射：時間反轉與龐卡赫群之間的耦合〉。當我看到論文的標題上有「時間反轉」一詞，立即想要多瞭解夫來明的研究內容。

夫來明教授較早時期所做的研究，包括反轉時間符號，把 t 變成 $-t$，造成質點反向運動，然後審視質點的運動會產生什麼變化。照說，如果質點自房間的左邊跑到房間的右邊，把時間的符號 t 變成 $-t$，應會造成質點從反方向運動回來，這樣的情況是，時間的反轉促成運動方向反轉。夫來明想要做的是找出一種方法，可以從愛因斯坦狹義相對論的立場來看時間反轉。在愛因斯坦的狹義相對論中，後繼研究者都想寫出一個大家皆能同意的方程式，無論質點之間的相對速度多快，均可適用。要做到這一步，物理學家發現他們不得不借用德國數學家明可夫斯基發展出來的四維觀點。

明可夫斯基教授是愛因斯坦以前的老師。一九〇八年，也就是愛因斯坦發展出狹義相對論之後三年，明可夫斯基教授就清楚知道，假如將空間與時間結合成叫做「時空」的嶄新四維連續體，物理方程式便能簡化。「從那時候開始，」明可夫斯基記述道：「原本獨立的空間、獨立的時間，消失得只剩下一些些陰影，只留下兩者的混合，一體存在著。」以這種方式寫出來的物理方程式，看來都是同一個樣子，無論多個物體之間的相對速度有多快，它們全都在狹義相對論的平坦時空中發生。這個十分清楚的四維方程式寫法，叫做「顯式協變」。

由顯式協變的觀念，我第一次正式領略到物理學的優雅。做為一個正在受訓練的物理學者，我學到所謂的優雅是指：方程式要寫得簡潔，同時方程式的物理內涵也要清楚表達，而且方程式的外型也要有藝術上的美感。

夫來明覺得藉由顯式協變而達到的優雅，與維持物理理論的正確性，同樣都是我們嘗試建立的目標。他已經成功的找到方法寫出時間反轉、將 t 變成 $-t$ 的數學演算。每一個人都同意，無論物體以何種相對的定速運動，都可使用這個方法。換句話說，他已經找到一個清楚、同時也很優雅的方法，來描述愛因斯坦狹義相對論中時間和運動的反轉。夫來明是用明可夫斯基的四維時空連續體來達成的。

⌛

我對愛因斯坦的廣義相對論比以往更感興趣，我想知道重力將如何影響時間反轉的運作。我在那次學術討論後不久，便去找夫來明，詢問我是否可以跟他做博士論文，並以探討重力對時間反轉的效應為題目。他說他覺得這個題目可以做成一篇很好的論文，可是勸我要小心，想處理重力和時間反轉的廣泛關係，恐怕題目會太大，他建議把它縮小到一個特殊的彎曲空間，並且這空間又是某些宇宙學者有興趣的。我們決定探討「德西特空間」，德西特的彎曲空間在宇宙學中有長遠且有趣的歷史。

一九一七年，愛因斯坦發表了〈廣義相對論的宇宙學思維〉論文，文中他首次企圖把廣義相對論應用於整個宇宙。他揭示一個理論：我們所見的宇宙是靜態的。為了確保方程式會導出他預設的結論，愛因斯坦在方程式中引進一項常數，保持宇宙永遠不變。他稱這常數為「宇宙常數」。在美國天文學家哈伯建立起破土性的研究後，「宇宙常數」就像逸出魔瓶的精靈，讓愛因斯坦後悔莫及。

哈伯在芝加哥大學取得數學及天文學的學位之後，於一九二〇年代，在加州帕沙迪納的威爾遜山天文臺工作，他觀測到環繞在我們的銀河周圍的星系，正在離我們而去；距離我們愈遠的，跑開的速度愈快。哈伯辨識到我們銀河系周遭的每一個方向，都發生了這種運動，他的結論是：宇宙不停的向外擴張——這與愛因斯坦的靜態宇宙理論完全相悖。

愛因斯坦迅速承認，靜態宇宙理論是他所犯「最大的謬誤」。為了與哈伯的天文發現一致，愛因斯坦果斷收回他的宇宙常數論。姑且不論其他，這至少顯示出他那偉大的心智依然機靈無比。

荷蘭天文學家德西特，最後終於解出愛因斯坦廣義相對論的重力場方程式。德西特設定，縱使有宇宙常數，仍然能證明宇宙的擴張。如此一來，愛因斯坦不只在主張宇宙是靜態時錯了，而且他擔心宇宙常數會讓廣義相對論發生問題，也是過慮了。以帶有宇宙常數的愛因斯坦重力場方程式，導出宇宙擴張的解，如今就叫做「德西特解」，它代表的空間叫做「德西特空間」或「德西特宇宙」。

我很快便學到一個簡單的方法，來想像德西特空間。在黑色的氣球上塗上許多白點——氣球代表虛無一物的空間，白點代表宇宙中的星系。當有人吹脹氣球時，白色的點點逐漸開始彼此分離，無論我們的眼睛盯著哪一個白點看，看到的都是其他的白點正遠離這個白點。就如同我們不管從哪個星球上觀測，周圍的星系都離我們而遠去。

用這種氣球的膨脹，很容易就能想像宇宙的擴張。但就像氣球那樣，宇宙的大小是有限的。有一個方程式可以計算宇宙的大小：宇宙的半徑據信約為一百五十億光年。

氣球表面上的白點互相分開的運動，代表星系彼此分離的運動。白點之所以互相分開，是因為它們位在氣球表面上，而氣球吹脹了；星系之所以彼此分離，是因為星系藏身於太空中，而太空擴張了。這就是哈伯首先從他的望遠鏡中，觀測到的擴張的宇宙。

我的論文是要找出方法，描述德西特空間裡的時間反轉。我發現，用嘴巴談談論文遠比解決問題簡單得多，事實上我花費了幾個月的時間，嘗試了各種方法，都一再走進死巷。經過將近一年半之後，我開始對能否找出問題的解答感到灰心。

然後一天下午，我拖著疲憊的身軀回到公寓，筋疲力竭，倒在沙發上休息。當我漸漸放鬆入睡時，我夢見一堆數學符號以各種方式拼湊在一起，最後看起來似乎那群四維的符號，跟一個額外的符號結合，造成第五維。我驚醒後忽然明白，狹義相對論中，平坦空間的明可夫斯基四維連續體是不夠的。我要做的是進入五個維度。我必須在四維時空上，外加一個維度，這外加的維度代表虛構的超空間裡的德西特空間曲率，我立即知道這樣的五維觀點是正確的。

興奮之餘，我寫下結論拿去給夫來明看，他說這個方法看來「有希望」，但是他要好好推敲一番。我表示，如果他認為結論正確的，那將是我的論文的主要突破，我會很希望在《數學物理期刊》上發表，《數學物理期刊》是頗受尊敬而且常被引用的學術刊物。

賓州州立大學的物理系並沒有要求博士研究生發表論文，夫來明警告我說，論文可能會被退回，他問我假如真被退回了，我會覺得怎樣。我當然不會好過囉，但我告訴他，我願意試試。

我有兩個理由提出這樣的要求。第一個理由緣起於桃樂賽與我還住在布魯克林時，一個偶然的機緣。有一天下午，我們上布魯克林公共圖書館借書，我在那兒隨手翻閱一些物理期刊，無意間拿起一期《數學物理期刊》，它有美麗的紅色仿天鵝絨封面。那時我根本看不懂刊物中的任何一篇論文，但是我告訴桃樂賽，有一天我將會懂得那些科學論文的意思，並且在那份印刷精美的刊物上發表論文。

另一個理由則較為複雜，如果我的論文發表在有專家審查的刊物上，表示某位頂尖科學家評定這篇論文具有原創性、而且有價值，如此一來可以證明，就算出了賓州州立大學物理系，我仍然會是受認可的專業物理學家。不會有人質疑我的論文的原創性，我得到博士學位是實至名歸的。

過了好幾個星期都沒聽到夫來明的回話，然後在一次物理系的野餐裡，夫來明悠閒的走到我身旁，一邊啃著烤雞腿，一邊對我說一切看來都很不錯，他已經按照我的請求把論文送去發表了，然後若無其事的走開，猶如在中央公園漫步似的。我高興得講不出話來，轉身面對桃樂賽，她報我以燦爛的笑容，還伴隨著一串快樂的眼淚，我們像少男少女般擁抱在一起。

我的狂喜很快就變成焦慮，等待回音使一九七二年的夏季，變成我一生最長的夏季之一。終於消息傳來，審閱的專家認為那篇論文具原創性，也很有趣，只做了少數修正後即建議發表。我的第一篇學術論文〈一個（3＋1）德西特空間內的位置算符〉，於一九七三年元月發表於《數學物理期刊》。

我帶一份發表的論文抄本回家，簽名後送給桃樂賽，謝謝她給我的愛及支持，又得意的說：「這正像在奧運中贏得金牌一樣！」過了幾天，桃樂賽在我們私下的慶功宴，送給我一面閃亮的金牌。

當我漸漸瞭解自己後發現，我個人的快樂有大部分是繫於工作上發生的大小事。在研究生階段，當研究順利時，我就像攀上世界的頂峰。

我們夏天渡假時，桃樂賽與我駕車去俄亥俄州的哥倫布市，參觀那兒的科學博物館。我們倆都喜愛旅行，我總是帶著物理書隨行。我記得那次當桃樂賽駛過漫長的州際公路，而我則埋頭計算時，有一種非常的喜悅。我常跟她提起我的研究，設法用簡單的方式，用很多類比，讓沒有科學及數學背景的人也能瞭解，而她似乎也很欣賞那樣的解釋。這其中還有實際的意義：這樣的互動有助於我將來的授課。在旅程中，我們聽音樂，有時候跟著一起唱，那是我們的快樂時光。

我接下來花了一學年的時間完成博士論文，從博士論文衍生出來的第二篇文章，是用讓埋頭於德西特空間裡的研究人員都同意的方式，寫出時間反轉的運算式。這篇論文我取名為〈德西特宇宙中時間反轉與時空對稱之間的耦合〉，是我將夫來明的研究廣義化，把時間反轉應用到一個彎曲空間上。這篇文章最後發表於另一份專業期刊《物理評論》上。

經過兩年半的研究學習後，我於一九七三年自賓州州立大學取得物理博士學位。那時候，全美國僅有七十九位非洲裔物理博士，而我是其中之一。當時全美國有大約兩萬位物理博士。（到二〇〇六年為止，全美國總共兩萬五千位物理博士，其中大約有兩百五十位是非洲裔美國人。目前為止，還沒有黑人科學家在任何領域中得到諾貝爾獎。）

我的物理生涯，以及我對時光旅行的第二階段追求，即將熱烈展開。

第七章　初識雷射

現在，我有了博士學位，該是找工作的時候了。

早在我完成博士論文之前，便開始尋找物理方面的職務；我希望繼續研究廣義相對論，也希望在通往過去的時光旅行上，開創一條新路。為了做到這些，我需要在大學中找到教職，一邊教書一邊做研究。不幸美國此時正陷於經濟不景氣，政府用於科學上的經費大幅縮減。

我在《今日物理》期刊的分類廣告裡搜尋，但是適合我的工作並不多。《今日物理》是美國物理學會的對外刊物。以前在很多期刊中，物理領域的徵人廣告都占了不少頁，可是現在景氣不好，徵人廣告只有半頁而已，實在讓人氣餒。無可奈何，我只好到賓州州立大學的就業輔導中心查閱可能雇主的地址，向將近一百所大學及十幾家公司申請工作。我得不到任何大學的回應，但出乎意料之外，接到企業界的六個答覆，邀約我去面談。

我從沒想過要成為替企業工作的科學家，然而訓練有素的物理學家的優點是，他有分析問題的能力，並且能發展出解決問題的技巧，這些都可以應用到其他領域，甚至工程方面，因為物理是所有工程的根本。懷著這樣的想法，我覺得自己有本領在企業環境下應用我的知識，我的目標是希望在企業界工作時，再繼續尋求走回學術研究之途。想起連愛因斯坦都無法在大學畢業後立即找到教書的工作，為了生活屈就專利局職員，我也就泰然了。

我的第一個面談是在紐約州的奇異公司，那時正值嚴冬季節，有些地方的雪積到膝蓋深。奇異公司實驗室的人很客氣，可是我對那兒的冬季心存畏懼。

第二個面談是跟奇異公司的智庫，位於加州聖芭芭拉的「軍事科技規劃作業」部門。我喜歡那個地方，還有我見到的人，辦公室離美麗的太平洋只有幾條街之遙，但是我看不出他們對面談有何反應。

我帶著一點失望回到家之際，得知康乃狄克州東哈特福的聯合科技公司（那時叫做「聯合飛機研究實驗室」）請我去面談。

聯合科技公司有幾家子公司，最大的子公司就是普惠飛機公司，專門製造商用及軍用飛機的引擎。它的研究中心是獨立的部門，模仿貝爾實驗室的規劃，專門從事工業應用的研究。與我面談的是皮特森博士，他是主導理論物理組的首席研究員。

我們見面之後，我馬上對皮特森產生好感。他身材瘦長，有開闊納人的態度，和敏銳包容的胸懷，他從康乃爾大學取得理論固態物理博士學位。皮特森所領導的小組，裡面的成員都是一流的科學問題解決者，他們視需要以約聘的方式外派到聯合科技公司的其他部門。

我本來有一點兒不自在，而且看來也大概像個書呆子一樣，甚至因為買不起新眼鏡，就在牛角框眼鏡上貼了白色膠帶黏住鏡框，防止脱落。皮特森讓我放鬆了下來，他問一些我的論文研究和科學興趣等等的問題，然後才問我是否覺得能勝任工業界的科學研究。

「我的論文指導教授説過，好的物理學家能做任何工作。」我回答，絲毫沒有警覺自己的話聽起來充滿傲氣。

我們在員工餐廳用午餐，皮特森順便替我介紹科學小組的其他成員。整體說來，那次的面談感覺良好，我告訴皮特森，我很喜歡研究中心的環境，也提到，過兩天我要飛往加州雷敦多海灘的TRW公司面談。

當天傍晚我回到賓州的家中，還沒來得及整理行李，電話鈴聲就響起來了。那是皮特森打來的電話，他提供我在理論物理組的研究員職位。幾年後，他告訴我，當我敍述自己的論文如何獲得突破，就是那個下午我回到家裡倒在沙發上睡著後，從夢中獲得解答的經過，他就決定雇用我。他想，這個人連做夢都可以解決物理問題，應該收為部屬。

桃樂賽與我都覺得住在康乃狄克州很棒，因為那裡離紐約市很近，我們都喜歡紐約市。我馬上接受這份工作，收拾起行李，在一九七三年的夏天搬家。我們在公司推薦的公寓社區安頓下來，那兒也有許多戶人家是公司的新進人員和眷屬。

那個夏季剩下的日子，桃樂賽都待在家中，讀書、曬太陽，以及觀察左鄰右舍。她與我分享一個十分滑稽的場景，這一幕每天下午五點整都會在我們正對面公寓的陽台上演。那位鄰居依時出現，把烤肉爐上的架子取出、放在地上，並在爐中點燃木炭，然後便進入室內。但是她的狗兒會馬上過來把烤肉架舔個乾淨；等到火燃起來了，那位女士會再出現，把烤肉架放回烤爐上，再把當晚的晚餐放在烤肉架烹煮。

當桃樂賽指給我看那一幕時，跟她描述的絲毫不差，我輕輕說了一聲：「噁心！」過了好一陣子，我們才有勇氣買烤肉爐。

⌛

我的第一件任務是普惠飛機公司承包的工作。當時，普惠正在研究，使用高能雷射為噴射引擎上的渦輪葉片鑽孔是否可行。他們已經進行過實驗，但是尚需要理論支持。然而我博士論文中的理論探討，與雷射鑽孔的實驗相去甚遠，而且這次，我發展出來的理論隨即會用實驗來驗證，讓我有點擔心。

我的任務是為公司發展出一個數學模型，應用在金屬或合金材料的雷射鑽孔。到那時為止，我實際上完全不懂雷射，然而我是具有博士學位的研究員，受過專業訓練，可以用開創性的方式來解決問題，而且皮特森准許我用一些時間去學習必要的背景知識。於是我花了幾星期在公司圖書館閱讀雷射資料，當時雷射仍然是相當新穎的一種光源。

世界上第一台可操作的雷射，在一九六〇年由加州的休斯研究實驗室製造出來。然而，若是沒有量子理論的發展，就永遠不會有雷射，所以這功勞首先應該落在德國理論物理學家蒲郎克的頭上，他在二十世紀初發展出量子論，並因這項成就獲得一九一八年的諾貝爾物理獎。

一九〇〇年，蒲郎克引介了一項大膽的說法，解釋壁爐裡的輻射熱如何進行能量交換，傳到爐壁內。他說熱經由輻射的方式使能量進入爐壁，但這能量並非連續源源不斷自爐火流入爐壁，而是以稱為量子的包裹，裡面包含有限的能量，一小包一小包的傳入牆壁。

在蒲郎克之前，物理學家以為輻射熱產生的能量交換，就像把水倒進杯子那般呈現連續狀態，但顯然與實驗現象不符。蒲郎克提出的能量交換，比較像把一枚枚的硬幣投入吃角子老虎裡那樣，每一枚硬幣就像一個個的量子。很快就有實驗證實了蒲郎克的理論模型，由於能量是以量子為單位來傳遞，這新理論便稱為量子論。那是一場革命的開始，使我們對全部物質與能量的瞭解，產生了莫大的衝擊與變化，所導致的技術革命，至今仍方興未艾。

愛因斯坦在他人生最神奇的一九〇五年，發表了狹義相對論，也對量子論做出了主要的貢獻。他提出，不僅能量交換是以定量的量子方式進行，而且壁爐裡面的輻射能本身，也是由稱為光子的個別粒子構成的。愛因斯坦用自己的理論，解釋了所謂的「光電效應」現象。

德國實驗物理學家雷納德觀測到，把光照射在金屬表面會促使電子逸出金屬表面。而如愛因斯坦所說，若把光照射到金屬表面這件事，看做是光子在轟擊金屬表面，便能解釋這樣的結果：就是這些光子，把電子自金屬轟出來。[14]

愛因斯坦即是以發現光電效應定律，而非相對論，贏得一九二一年的諾貝爾物理獎。今天，光電效應的重要性隨處可見，從自動門開關、到攝影機、數位相機、雷射印表機等皆是。

一九一三年，丹麥物理學家波耳引用蒲郎克的量子論，及愛因斯坦的光子理論來解釋氫原子的行為時，愛因斯坦的研究又導致量子論的下一步重要進展，也為雷射故事寫下了另一篇章。

事情是這樣的，在量子論尚未出現之前，物理學家不明白，為什麼氫原子不會自行崩陷。氫原子包含一個質子，受到一個帶負電的電子所環繞。由於電子繞著質子轉動，電子應該會持續消耗能量，直到最後能量耗盡，崩陷在質子上。但是這種事情既然沒發生，必定有些因素加以阻撓。波耳認為，問題的關鍵在於量子論，量子論中的能量並不是連續性的，能量不可以持續不斷的消耗。因為電子不能一點一點的持續損耗能量，也就是說，電子必須留在固定的軌道上，而這種軌道叫做能階。

雷射理論得以發展出來的最後一項因素，又是由愛因斯坦提出來的，在他一九一六年發表的題目為〈依據量子論之輻射的發射與吸收〉論文中，他把蒲郎克、波耳以及他自己稍早的想法綜合起來。愛因斯坦利用這個綜合的見解，推敲出原子發射及吸收光子的三種基本過程。

第一種過程是「誘發吸收」，在這個過程中，光子進入原子內部，由位於低能階的電子吸收，增加了電子的能量。射入的光子，誘發電子躍上較高的能階。

第二種過程是「自發射」，電子一旦躍上較高的能階，會自發性的發射出光子，然後跳回較低的能階。自發射是隨機發生的。

最後一種過程是「受激發射」，假如射入原子的光子發現電子已經位於較高的能階，那麼光子可以把電子踢出那個能階，讓它掉到低能階。這個光子並沒有被吸收，它會繼續運動。另一方面，挨踢的電子跌落較低能階時，會射出光子。於是結算下來，一個光子射入原子，促使兩個光子射出，其中一個是原來射入的光子，另一個是激發出來的光子。這個過程放大了原子射出的光線，也是我們瞭解雷射的關鍵因素。

雷射的英文是laser，這個名稱本身就揭露了它的作用原理。Laser是Light Amplification by the Stimulated Emission of Radiation的簡寫，意思是「經由輻射的受激發射而產生的光放大作用」。第一具可操作的雷射，是由休斯飛機公司的物理學家梅曼在一九六〇年設計出來的，他當時還是一位資淺的員工。

梅曼把人造紅寶石晶體製成一個圓柱體。其中的巧妙之處，是使得晶體原子的所有電子同時升上較高的能階，這是一種稱為「居量逆轉」的過程。用閃光燈管把紅寶石晶體完全包起來就可以做得到，發自閃光燈管的光把晶體內的所有電子全送上較高的能階。在紅寶石晶體的兩端放置兩面鏡子，一面鏡子會完全反射，另一面則是部分反射，只要某一原子裡有一個自發射的光子，就可以啟動雷射了。

這一個光子將激發另一個原子裡的一個光子，然後這兩個光子會打擊另外兩個原子，激發它們射出光子。現在我們有四個光子，它們會再激發另外四個原子發射光子，以此類推。這些光子在紅寶石晶體的兩面鏡子之間來回彈射，這樣一來，就造成了光子的連鎖反應。

由於雷射中的每一個光子都與其他受激發射出來的光子同步，它們聚合起來的光束就是所謂的同調光。雷射光源的同調光子，與來自普通光源，好比一般燈泡的光子之間，有一項重大的差異。燈泡發射的光子傾向於凝聚成一團；雷射光源的光子則恰恰相反，它們分布得像是穩定雨勢中的雨點。

雷射光源的同調態最早由葛勞伯[15]做出詳細的描述。雷射輸出的同調光會形成狹窄的光束，最後光子會從部分反射的鏡子川流不息的射出，形成一股狹窄得不可思議的強大純雷射光束。使用紅寶石晶體時，雷射光束的顏色也是紅的。

雷射的一項顯著特徵是，它狹窄的光束非常強大，每平方公分的強度可達數百萬瓦。在這樣的強度之下，雷射光束照射到金屬表面上，將會使金屬的溫度上升至蒸發點。因此，至少從理論上來看，雷射能在堅實的金屬塊上鑽孔。

以我所得到的雷射作用的新知，以及雷射能做的事，我已準備好要發展一套數學模型，計算出使用雷射光束鑽孔的效果。原來，要發展實用的模型，必須先計算自雷射光束射到金屬表面的能量移轉，還要計算出表面正在移動的金屬的熱傳導。這叫做「移動邊界問題」，可是難解出了名的問題。

事實上，普惠有一個工程師小組，正煞費苦心，使用電腦程式嘗試解決這個問題。我打算去請教他們，可是我立刻就發現，在公司裡交換資訊是不受鼓勵的行為，這與我所習慣的學術環境大不相同。在大學裡，建立資訊共享制度是常態，但是我發覺在私人企業中完全不是那麼一回事。實際上，普惠公司還提供我一台早期的桌上型電腦，就是讓我不必使用電腦主機，避免其他人知道我在幹些什麼。

我在公司研究中心的圖書館內到處瀏覽的時候，突然發現一種技術，能協助我發展出數學模型，預測雷射在金屬上鑽孔時會產生什麼狀況。利用我發展的這套數學模型，能夠精確算出在某一雷射強度下，應用於特殊金屬或合金上時，能鑽出正確的深度。我計算出結果後，很快經由研究中心的實驗室以雷射鑽孔實驗，證實了成果。我的任務到此大功告成。

正當每一位同仁似乎都為我的第一項任務表現良好而高興之際，我還是不放棄尋找進入學術殿堂的希望。同時間，我仍持續自己的研究，每天傍晚我會回家與桃樂賽共進晚餐，她經過一個夏季的休息後，在哈特福的一家保險公司找到工作。飯後，我會花幾小時研讀廣義相對論，以及一些新發展出來的理論，這些理論是用來瞭解自然界的基本作用力的。

物理學家相信宇宙中有四種基本作用力。其中作用力最強的叫做「強核力」，這是原子核內部將質子及中子結合在一起的力。

第二強的作用力是「電磁力」，除了重力之外，電磁力是我們日常生活中最常接觸到的力。決定羅盤指向的地球磁場即是電磁力；這種力也使得原子內部的質子與軌道上的電子互相吸引；收音機與電視接收到的電磁波信號，是電磁場改變所產生的結果。

第三種作用力是所謂的「弱核力」，表現於放射性衰變的過程中。

最弱的力是重力，這很令人意外，正是重力把行星牽制在環繞太陽的軌道上，也讓我們依附在地球表面上。雖然重力是最弱的力似乎很奇怪，但是所有具質量的物體之間全靠重力相互吸引。而質子與電子之間的電吸引力，則遠比重力強。

愛因斯坦在晚年時，試圖用他稱為「統一場論」的理論，來統合電磁力與重力，後來我才知道他全力推動統一場論的強烈動機，他一心一意要驅逐量子力學中的那隻「機率」妖怪。愛因斯坦除了不相信上帝會擲骰子之外，還發出另一項關於量子力學的著名宣言，他說：「上帝難以捉摸，但是祂絕不奸詐！」不管怎麼說，愛因斯坦在追求合他意的命定性統一場論上，所做的種種努力全都失敗了。

愛因斯坦並非唯一對統一場論有企圖心的人。德國出生的數學家兼物理學家卡魯扎，以及瑞典物理學家克萊因，兩位都分別嘗試統一電磁力與重力，讓我頗感興趣。我也如同愛因斯坦那樣，有自己對統一場論感到興趣的理由。我的動機當然是，這樣的理論有可能使時光旅行成真。

一九二一年，卡魯扎表示藉由進入五維時空，可以找出一種方法來結合重力與電磁力。卡魯扎把第五維看成是空間的額外一維，而且跟另外的空間三維（長、寬、高）不同，這第五維不能直接測量。卡魯扎嘗試結合電磁力與愛因斯坦廣義相對論中的重力。在愛因斯坦的理論中，重力即是彎曲的普通三維空間，以及減緩下來的第四維時間。卡魯扎展示了，在普通三維空間和第四維時間中，加入他的額外第五維，於是電磁的各種現象都能與重力結合。由於在同時，克萊因也自行發展出同樣的一套理論，大家便把這個理論稱為卡魯扎—克萊因理論。

愛因斯坦一度研究過卡魯扎—克萊因理論，可是他決定找一個不使用第五維的途徑。然而，現今的物理學家仍然在研究卡魯扎—克萊因理論，他們覺得這是統一場論的可行途徑。

這種統一的想法，可以上溯至物理的最根本基礎。事實上，第一個統一場論，是由十九世紀的蘇格蘭自然哲學家（這是當年對理論物理學家的稱呼）馬克士威所發展出來的，他的理論統一了電場與磁場，之前電場與磁場給認為是分開的兩回事。

馬克士威能夠以數學方式證明，改變電場可以產生並控制磁場。在十九世紀初，英國化學家兼物理學家法拉第[16]就已經證明過，變動的磁場能夠產生電場。馬克士威結合了法拉第的觀測，用數學來表示自己的想法，創造出電磁場的統一理論。在這個理論中，變動中的電場會產生變動中的磁場，而變動中的磁場回過頭來又產生一個變動中的電場，如此這般輪替下去。這些一直在變動的電場與磁場，在空間中以光速傳播出去。馬克士威推論，光事實上即是變動中的電場與磁場。

這個光的電磁理論是第一個統一場論，馬克士威的電磁場統一，導致人類可以用前所未見的方式來控制自然界的力，從發電到電視這些現代科技的所有成果，都屬於統一電場與磁場所帶來的成果。

廣義相對論有一項預測是：時鐘在強的重力場中，比在弱的重力場中跑得慢。例如，假設你有一模一樣的兩座原子鐘[17]，如果你把其中一座拿到高山頂上，那兒的地球重力較弱，另一座原子鐘留在地球重力較強的地面上，兩相比較之下，你將發覺地面的那一座鐘，跑得比高山上的鐘慢。

時間與重力的這種關係使我困惑，我猜想，統一場論能用來控制重力，或許應該也能控制時間。我於是決定專心研究近代的統一場論。

近代物理的重大成就之一，是電磁力與弱核力的統一。這個統一的理論叫做「電弱理論」。這項統一，終於在一九六〇年代末期，由溫伯格、格拉肖及沙拉姆完成，這三位學者因為「對統一基本粒子之間的弱核力與電磁力的理論極有貢獻」，而共同獲得一九七九年的諾貝爾物理獎。

電弱理論引領出一項預測：自然界有一種新粒子存在。這種新粒子就是「重光子」。一般光子不帶電荷，是無質量的光粒子；而這新粒子叫做Z粒子，不帶電、但具質量。這種粒子已經在基本粒子的高能撞擊中給觀測到了。

我曾讀到過，早期企圖把強核力、電磁力、弱核力統一於「大一統場論」所做的嘗試。大一統場論的預測之一是，質子不像先前所想的會永遠存在。質子是由拉塞福[18]在一九一八年首先發現的，是原子的主要組成。由於從未有人觀測到質子的蛻變，因而大一統場論從未獲得採納。

我受電弱理論打動，決定試試看能否發展出可以把重力與弱核力結合的統一理論。我以為自己看到了這兩種作用力之間的數學相似點，心想這可能指向一條統一大道，於是我白天替聯合科技工作，晚上研究可能與重力搭上線的統一場論。我相信，假使可以找出結合四種基本力的完全統一場理論，那麼就可能用其中的一種力來控制其他的力，甚至於能夠創造出一台可用的時光機器。

日夜不停的工作和研究，這壓力開始讓我難以支撐，我渴望獲得全職的教書工作，並全力發展自己對廣義相對論的想法。我已經二十八歲了，覺得自己正在浪費時間。我聽說過有人認為，科學家的最佳成就通常是在早年完成的，大約是三十歲之前，我不願意錯失掉機會之窗。[19]

桃樂賽與我都認定不能錯過的另一個機會，是成為父母、有自己的孩子，就像我們的許多朋友一樣。那一天終於來到，桃樂賽認為她懷孕了，便去看醫生。翌日，一通電話證實了我們的期盼，就在幾分鐘之內，我們便開始大肆宣揚，讓整個西方世界都知道。

然而，一個月之後的清晨，桃樂賽因劇痛和大量出血而驚醒，她流產了。我們雖然難以接受，但所幸知道我們仍然可以再嘗試有小孩。

在聯合科技服務了兩年後，我告訴上司皮特森，我打算離開公司，去找在大學教書及研究的工作。起先他以為我是來談判加薪的，就承諾加我的薪水。後來我坦白告訴他，那不是我的意思，我只是覺得在學術機構會舒暢得多。雖然他表示理解，不過還是警告我：「去學術機構就等於要與貧窮為伍，你明白嗎？」

我向皮特森擔保，我很清楚學術機構的薪水無法與私人企業相比，於是他便不再勸阻，並伸出援手。皮特森認識溫伯格，這位未來的諾貝爾獎得主那時在哈佛大學，他寄給溫伯格一些我自己做的研究，企圖統一重力與弱核力的探討。溫伯格在回信中很客氣的說，我的模型有點問題，不過見解卻很有意思。

皮特森又介紹我去見康乃狄克大學的物理系主任伯德尼克，伯德尼克每年夏天都在聯合科技公司擔任顧問。伯德尼克的個性外向，十分開朗，我馬上對他產生好感，心想成為他們物理系中的一份子再好不過了。我十分幸運，皮特森的太太剛好也是康大物理系的教員。

後來我受邀到康大的物理論壇，演講自己的論文研究，而有機會見到基本粒子與場論小組的主持人哈勒教授，他成長於奧地利，在哥倫比亞大學接受物理學教育。他極友善，而且很會鼓勵別人，如果我獲得康大物理系的工作，就會是他小組的一員。

我演講後不久，就獲聘為康乃狄克大學的助理教授，這是暫時性的職位，聘期只有一年。我的興奮自不待言，雖然薪水減半，但我現在可以回頭來認真進行自己的研究工作。

受雇於私人企業的那兩年，我學到大量的雷射知識，並且對於理論和實驗物理之間的互補關係有較深的體會，同時我也感激皮特森在各方面給予我的協助。皮特森以出色的管理技巧，指揮一組思想自由的科學家，他的作為讓我聯想到歐本海默帶給曼哈坦計畫的團結一致風氣。

然而，那時候我絲毫沒有向皮特森透露自己對時光旅行的興趣，因為我很確定他會質疑。但出乎意料的是，我在聯合科技公司皮特森指導之下的研究歲月，永遠改變了我做理論物理的方法，而且我在雷射方面的研究，到頭來在我設計實驗用時光機器時，還提供了一個差點失落的要素。

聯合科技的研究中心為我舉辦了一場惜別會，同事送我一件臨別贈禮，是愛因斯坦的親筆簽名。我最小的弟弟基斯已經是成功的職業畫家，住在聖地牙哥，他特別為我畫了一幅愛因斯坦的畫像，讓我可以把愛因斯坦的親筆簽名裱在旁邊。於是我把簽名跟畫一起鑲好框，掛在書房的牆上。

在這位年邁的相對論大師注視下，我已準備好專心教書，同時進一步探索廣義相對論中，實現時光旅行的可能性。

第八章　尋找我的學術家園

時光倒流，我又回到了布朗士。

那是一九五五年四月，一個暖和的星期日傍晚。

我走進哈樂德路一四五五號的大樓，搭電梯直上到十一樓。走廊比我記憶中的窄，然後我來到11D公寓門口，輕敲大門。

門打開了，我那英俊的父親就站在我面前。

我很驚訝，他看起來這麼年輕，事實上，父親只比現在的我大了三歲，而我卻比他高出近十公分。

「我能幫你什麼忙嗎？」他的聲音如同記憶中低沈柔和。

父親不認識我，絲毫不令我覺得奇怪，雖然我期待這一刻已經非常久了，但是這個時刻來臨時，我反而說不出話來。

博伊德．馬雷特看起來很困惑。

我終於擠出話來：「我將告訴你一些難以置信的事，但是首先，我要給你看幾張相片。」

我把相片一張一張交給父親看，有他與妻子及孩子們的舊相片，另外還有一張他正在修理電視機的留影。我知道他以前看過這些舊照，因為照片就放在我們的家庭相簿裡。

「你從哪兒拿到的？」

我不回答他的問話，繼續拿出一些他從未見過的相片，他的孩子們長大了一些，他的妻子依然美麗，但是老了幾歲。

「你這是幹什麼？」他聽來有點兒心生警惕。

我問他，是否可以讓我進來坐一會兒。

父親似乎在考慮我的請求，然後向後退一步，把門打開，請我進去客廳。我十分訝異，自己怎麼會如此精確的記得裡面的擺設，雖然以我現在的身高，俯視這個客廳覺得有點兒怪。我們坐下來，他再度問我這是怎麼一回事。

我注視這位當我是陌生客的人——這個人，無論生前及死後，他對我生命意義的影響，令人難以相信。

「是這樣子的，」我終於開口了：「你懂得電視機嘛，你知道藉由電子的振盪就能產生信號，使影像越過空間傳遞。」

他把頭歪向一邊，覺得有點兒意思了。

我告訴他，我建造了一種裝置，能夠運送影像及實物跨越一大段的時間。我解釋說，這種裝置就叫做時光機器。

「時光機器？那就是你拿到相片的手段嗎？」

「那只是故事的一小部分。」

他想要知道更多故事。

我就知道，電子和科學這類事情能引起他的興趣。

「你要知道，我製造這樣東西是因為我的父親死了，」我告訴他，我父親工作得很努力，過得很艱苦。然後，在一九五五年的五月，就在我父母親慶祝結婚十一週年的當晚，我父親心臟病發作、驟然過世。

他顯得有點困惑。「有意思，我妻子和我也將在下個月慶祝結婚十一週年。」

我繼續告訴他，我父親去世時我才十歲，他去世後我完全迷失了方向，一直不知道該怎麼辦。

他似乎有點傷感。當然，他知道年幼失怙的感覺。

「然後我讀到一本很棒的書，書名叫《時光機器》，是由威爾斯寫的，我馬上就知道自己將來要做什麼了，這本書給了我希望。」

他臉上的表情透露出，他開始拼湊出答案來了。他仔細端詳我：「你不會是想要告訴我——」

「我製造了時光機器，是的！我從未來回來看你了，爸爸，我是你的兒子朗諾。」

「我的兒子朗諾，正跟他的母親一起去參加教會活動。」

「我知道他們每個星期日晚上都要去的，所以我選這個時間來，我們就可以單獨見面。我，還有那個現在和媽媽一起在教堂的小男孩都是真實的，我比較年長，來自不同的時間，不過我的確是朗諾·馬雷特，請你相信我。我特別跑來告訴你的事很重要，你要聽進去。你的健康情況現在很嚴重，爸爸，你的心臟不好，必須立刻去看醫生，不然你一個月內就會死掉。還有，看在老天爺的分上，你別再吸菸了。」

然後，我告訴他，我此行要說的最重要的一句話——之所以如此重要，是因為我不記得在他生前我曾經告訴過他：「我愛你，爸爸！」

這是我的幻想，我幻想過不知多少次了，我已經熟記全部的劇情，包括父親和我的對話。通常我都是在夜裡，在黑暗中閉起眼睛進入幻境，半睡半醒之間，飄浮在溫馨的氛圍裡。從這想像的拜訪歸來後，我總是懷疑，父親是否真的能改變他的生命。他能嗎？我能改變他的命運嗎？

我可以挽回父親早逝的悲劇嗎？

⌛

一九七五年九月二日早晨，當我離開曼徹斯特的家門時，桃樂賽與我吻別，並祝我好運。開學那一天，我開車到康乃狄克大學在史托爾斯的校區，開始我擔任物理助理教授的新生活。

史托爾斯位於康乃狄克州的東北角，距離首府哈特福約四十公里。校園布滿蒼翠的大樹，像是縮小版的賓州州立大學。我開車進入校園，校門的左方是蔓草叢生的農地，附近有一座穀倉，牲畜正在低頭吃草。繼續往前是農學院大樓，康乃狄克大學與賓州州立大學相似，都是深植於農業土壤而發展茁壯的。一八八一年，康大起先是以史托爾斯農業學校之名創立，建校於史托爾斯兄弟所捐贈的土地上，占地約六千九百公畝。史托爾斯家的查爾斯與奧古斯都兩兄弟，成長於康乃狄克州的農村，後來到紐約發展，成為商人，功成名就，回饋鄉里。等我來到康大的時候，這所大學已經是康乃狄克州最好的大學了。

按照物理系寫給我的指示，我把車子開到校園的中心，再轉上北鷹屯路到達物理館，這是一幢現代的建築物，屋頂上的白色大圓球裝設了天文望遠鏡。我將車子停妥，進入物理館，搭上電梯。

走進物理系辦公室時，我有一點不安。我才三十歲，比大學部學生的平均年齡不過大十歲，與許多研究生相比也不過大一、兩歲。而且可能還有種族上的問題，因為我是物理系第一個、也是唯一的黑人教師。

然而，我對大學教授應該如何穿著，已經胸有成竹，教授就是要穿有釦領的白襯衫，以及手肘有補丁的軟呢外套等等。如果要讓人把你當一回事，連走路也要有教授的樣子。母親的影響和自豪縈繞在我腦中，她在商店裡當清潔婦時，也穿著得像個貴婦一般。我那天正是穿著有釦領的襯衫，以及手肘有皮補丁的合身軟呢外套。

物理系主任伯德尼克很親切的歡迎我，帶我四處走走，介紹我認識系辦公室裡的職員，他們的友善也讓我放鬆下來。我分配到四樓的P四一四室，這間辦公室十分寬敞，只是看不到什麼風景。從窗子向外望，正好面對生命科學館，還看到一部分的校區墓園，我後來知道那兒安葬了多位退休教授。我安頓好了之後，就到附近拜訪教職員同仁，當然是指那些仍然活蹦亂跳的人。

當時物理系約有三十多位教授，致力研究近代物理的各個領域，這些不同領域大概分成幾組：原子及分子小組、粒子與場論小組、凝態物理小組、以及核物理小組等等。我的研究範圍是愛因斯坦的廣義相對論，歸屬於粒子與場論小組，由哈勒教授掛名為主持人。我還在聯合科技公司服務的時候，來這裡做過一次專題演講，那時我就和哈勒見過面。

我去向哈勒教授報到，他的辦公室就在四樓走廊的盡頭。哈勒為人很和氣，身材中等，不是很魁梧，他帶有某種程度的歐洲舊世界氛圍，與他早年在維也納的成長背景相襯。一九三八年，德國納粹併吞了奧地利，那時哈勒十歲，隨家人逃離祖國。他在一九五八年獲得哥倫比亞大學的理論物理博士學位，六年後加入了康大物理系的教職行列。他在基本粒子理論物理方面做了一些重要的基礎研究，特別是在所謂的「規範理論」的領域，規範理論根植於一般的測量實務。

規範某樣事物，當然是指依據某種尺度來加以測量。設想有一對同卵雙胞胎，他們長得一般高，其中一位住在波士頓，另一位住在紐約市。某一天，他們決定量一量自己的身高，住在波士頓的那位有一把標示英尺和英寸的碼尺，而住紐約市的那位則有一把標示公尺和公分的米尺。波士頓的那位量得自己的身高為六英尺，紐約市的那位量出來是一．八公尺，這兩個測量結果似乎非常不一樣，但是這兩個雙胞胎的身高顯然沒有不同，那麼，這必定與他們用來測量的尺度有關。

在這個例子中，我們可以用一個叫做「換算因子」的規則，告訴你如何在公尺與英尺之間轉換。這裡的換算因子是〇．三公尺／英尺，也就是說，如果你把六英尺乘以〇．三，便得到一．八公尺。這就是物理學中的規範理論所要談的概念——自然界的各種作用力，就是補償尺度變換時所必需的換算因子。

舉例來說，在量子力學中，電子的行為像波。假如我們有兩個電子，我們可以改變其中一個電子波的尺度，讓它相對於另一個電子波出現一些偏移。波的偏移導致產生了補償的換算因子，我們稱為這兩個電子之間的電力。換句話說，這兩個電子感受到它們之間有一股電力，以補償電子波的偏移。

哈勒教授是規範理論的領導專家，他對我的研究感興趣，是因為我的研究指向「重力是一種規範理論」的觀念。思考這個觀念的方法如下：假設你坐進一部玻璃電梯裡，但不幸發生意外，電梯自由下墜。由於你和下墜的電梯有同樣的速度，你將會很驚訝的發現自己懸浮在電梯空間中，換句話說，你感受不到力。然而當你向外看時，看到一層層的樓層快速與你擦身而過，因此你知道有什麼東西把你往下拉向地面了。你的尺度變換，或者說是規範變換（即下墜時的樓層變換），讓你推斷，有一個稱為重力的換算因子存在，而且很可能導致你這回搭電梯的下場非常不好。也就是說，由於不同位置之間的加速度差異，而偵測到重力，這就是重力的規範理論。

從我以新進教授的身分，走進哈勒教授辦公室的第一天開始，他便一直鼓勵我繼續做自己的研究。我十分樂於從命，但也小心翼翼，不提起我有志於重力研究的其他理由——就是重力可能在時光旅行中扮演的角色。

基於現實的考量，我絕口不提對時光旅行有興趣，理由是：要在學術階梯往上爬，由助理教授到副教授再到正教授，為了爭取到終生教職（表示你不會被解職，除非有正當理由），最好不論在系內或系外都不成為他人的笑柄。縱然在物理學界，創意和奇特見解通常都會受到鼓勵（例如黑洞就非常奇特，而且它的定義是不可見的物體，可是長久以來，研究黑洞給視為是合理的），但是時光旅行早在一九七〇年代，就被認為太過走偏鋒，不可當作認真的科學課題。

我的計畫很簡單：因為終生職的正教授位置，能讓我經濟無虞，並且提供學術上的地位，在學術生涯尚未達到這樣的境界之前，時光旅行的計畫只是我私人的事。等我當到終生職的正教授之後，才能自在的公開進行和討論這個促使我上大學、努力讀書，成為第一流物理學家的夢。

接下來，我去拜訪其他教授，從他們那兒得到更多在學術機構求生的技巧。事實上我剛開始還只是在試用期，學術界的教授試用方式也就是一年一聘，直到取得終生教職，才算過了試用期，這通常需要幾年的時間。

教授有三項正式的責任，就是教學、研究以及大學社會服務。至於非正式的責任是什麼呢？一位系裡的老鳥把我拉到一旁說：「朗諾，你的三項工作是研究、研究、研究，這是現實。」我把這忠告牢記於心，雖然從其他教職員身上，我得知當一個傳道授業的好老師也十分重要。

我的教學任務包括大學部及研究所的課程。我教大學部的普通物理課，包含以代數為數學基礎的電磁學、光學及近代物理。我在研究所教的課是理論物理方法，內容涵蓋向量分析、矩陣理論、普通微分與偏微分方程、以及群論。

「教學相長」是一句老生長談，早就不是什麼祕密，要成為好老師，你必須做好準備。當你從零開始時，沒有課程大綱或教學筆記，更需要許多的學習與思考，才能做好充分的準備。一小時的授課，我要準備五、六個小時之久，研究所課程的準備時間還要更長，每小時的授課要花上長達八個小時來準備。我的努力很快便得到回報：在教書的頭一年，我在普通物理班上講完一堂電磁學的課之後，學生竟然自動為我喝采，那著實嚇了我一跳。那次的讚美對我意義重大，我想不出，在那堂電磁學之前或之後，有哪一次得到的稱讚或恭維，可以讓我這般欣慰。

第一學期上課後不久，系裡的一位資深教授勸我，聰明的話，就趕快發表一篇

「獨自掛名的論文」。他知道我之前與指導教授聯名發表過兩篇論文，但是他認為像我這樣身為理論學者、又在第一份教職上，發表自己寫的論文，證明我能獨立研究，是不容忽視的事。他還說，論文發表後，我應該再帶一個研究生寫一篇論文並發表，證明我也能指導學生做研究。

於是我再深入推敲，是否可能以「重力做為規範理論」當作我個人的論文。最後，我終於決定了方向：重力與「愛因斯坦─英費爾德─何夫曼問題」（簡稱為ＥＩＨ問題）之間可能有新的有趣關聯。

我還在賓州州立大學當研究生的時候，曾經就這問題向夫來明教授和其他人做過心得報告。我立刻埋首於這個題目，而且覺得很高興現在能在白天花幾個小時來做研究，不必像從前那樣，只能在工作一整天後，用自己的時間研究。

在最初的ＥＩＨ問題中，愛因斯坦以及一起研究的科學家證明，重力方程式便能夠決定物質運動方程式所需的一切。也就是說，如果有一個重力場，你就能決定出一組方程式，可以告訴你物質如何在那個重力場內運動。我的計算指出，逆向的ＥＩＨ問題也存在——從一組物質運動方程式，也能決定一個重力場。我能夠證明，藉用重力的規範理論，物質運動方程組中的尺度變換，將會引導出準確無誤的牛頓重力定律方程式。

奇怪的是，在我之前，居然沒人想到把EIH問題倒過來推演。我整理好結果，寄出論文給極具分量的《物理評論》期刊，那是我在當研究生時發表第二篇論文的刊物。結果，我的第一篇獨自掛名的論文〈對稱破缺與重力場〉在一九七六年五月刊登出來。

⌛

借助於那一篇論文的發表，我順利度過學術生涯的第一年試用期。在我逐漸適應物理系的環境時，桃樂賽的工作也很順利，她在「旅行家保險公司」擔任行政祕書，頗能得心應手。

那個夏季，她與我回去奧爾托納。在一個晴朗的早晨，我們沿著橫貫市區的鐵路軌道散步。我少年時期曾經在這兒徘徊過無數次，不禁開始回想起來，大談童年往事，有好的、也有壞的。突然間，有一件我早已遺忘多年的事情湧入腦海，讓我停了下來。我轉頭對桃樂賽說，大約在我十五歲時的某一天，從學校走這同一條路回家，我在心裡「向自己立下一個嚴肅的承諾」。

「什麼承諾？」她問。

「我就站在這兒，對自己發誓，等我將來長大，製造出時光機器之後，我將把自己送回到那一天的這裡——告訴那個年輕的自己說，我做到了！」

桃樂賽微笑說：「我想這件事還沒發生。」

「還沒，」我回她一笑說：「還沒有。」

那是很奇幻的想法，我承認。

然而這個夢，我還是繼續做下去，但是除了對幾個最親近的人透露過之外，依然只能隱祕進行。

第九章　我的宇宙擴張中

日曆顯示九月愈來愈近了，我幾乎迫不及待希望開學日趕快來臨。

我特別興奮的原因是，我要在研究所開一門廣義相對論的課，其中涵蓋張量分析、微分幾何與黎曼幾何，以及最重要的愛因斯坦重力場方程式，這些方程式說明了像太陽那樣的大質量天體如何使空無一物的空間彎曲。這種空間曲率造成我們所謂的重力。實際上，太陽系中的行星受到重力影響的程度，沒有比太陽產生的彎曲空間所造成的拉力來得大。基本上我知道，構築宇宙的知識，在實驗與方程式並用之下，可以教得趣味橫生。

這門課最後只有十二個學生選修，我後來才知道，以一門高等研究所課程來說，這樣已經很不錯了。這一群學生的年齡比較大，行為比較莊重，不像我前一年所教的大學部學生，會像無頭蒼蠅般四處衝撞。不管怎麼說，指導這些專心且用功的學生學習，我的興奮自不待言。我在近代物理一些最重要成分中，加入大量愛因斯坦的東西來調味，攪拌成這門極具挑戰性的課程。

我居然真的在一所重要大學裡擔任物理教授，總覺得不像事實。何況，我不止擔任教授，還有機會教愛因斯坦的廣義相對論呢！

那個學期，我穿插了一堂哥德爾的宇宙學研究，那是我在空軍服役時讀到的東西。雖然第一次看到時，許多東西都不懂，可是我仍然立刻讓哥德爾的研究給迷住了，因為他相信，回到過去的時光旅行是可能的。

宇宙學家通常研究宇宙的理論模型，有的與真正的宇宙近似，有的相去甚遠。研究這些模型宇宙只是要看在物理定律之下，會有些什麼可能性。哥德爾創立了一個旋轉宇宙的模型，在他的研究中，允許「時間的封閉迴圈」（又叫做「封閉時間線」）存在。我們的時間通常可以用一條直線來代表，直線的下段代表過去，直線的中段代表現在，直線上段代表未來。我們的正常經驗就像這一條時間線所表示的，從昨日到今日，再到明日。封閉時間線是兩端接合起來的時間線迴圈，哥德爾的結論説，如果沿著時間的封閉迴圈旅行，前往未來或是回到過去，都一樣有可能。

準備廣義相對論的授課，讓我有機會更進一步埋首於「圓形時間線」的研究，這又與黑洞理論有一些關聯。在這之前，我只學過不旋轉的黑洞。真正的恆星會猶如地球一般自轉，而黑洞是因恆星的重力崩陷造成的，假使黑洞旋轉得很慢的話，我們可以不用管旋轉的重力效應，但是，快速旋轉的黑洞，情況非常複雜。事實上，經過將近五十年的努力，到一九六三年，才由紐西蘭的數學家克爾，求出旋轉黑洞的愛因斯坦重力場方程式的解。

我想要知道更多關於克爾的解的研究，後來找到一篇已發表的論文，是物理學家卡特所寫的〈重力場的克爾黑洞的總體結構〉。卡特論文的摘要中提到，旋轉的黑洞有「不可移除的封閉類時間線」（「類」是「類似」的意思），這句話馬上引起我的注意。「封閉類時間線」正是圓形時間線的別名，是在哥德爾的旋轉宇宙理論中出現的那種時間線，這意味卡特與哥德爾的研究之間有某種關聯。

我研讀卡特的全篇論文，親自演算了裡面的計算後，更增加了我的好奇，他發現旋轉黑洞的封閉時間線容許回到過去。換句話說，至少從理論上來說，旋轉的黑洞可能用來做為回到過去的時光隧道。

我當時便決心學習更多有關旋轉黑洞的理論。這方面的研究，包括發表自己的成果，可以讓我探討時間如何受重力的影響，而且還可以提供偽裝，掩藏我設法製造時光機器的主要意圖。

我另外也在認真思考，如何執行我到校第一天一位資深教授好意提供的建言，那就是物色一位研究生一起做研究，並寫出可以發表的論文。

剛好，有一位華裔美籍的研究生弗瑞德·蘇來敲我的門，表示想找論文指導教授。他想做廣義相對論的原創性研究。我們就隨意聊聊各種可能的題材，最後談到我的想法。

「旋轉黑洞是很有趣的主題，弗瑞德，」我說：「那也叫做克爾黑洞，性質真的很奇妙，最奇妙的是它們能影響時間。旋轉的黑洞確實能導致時間的封閉迴圈，這意思是說，你能利用旋轉黑洞回到過去。」

實際上，我對黑洞感興趣，不止是因為黑洞會影響時間。

黑洞也會影響空間，其中一個效應叫做「坐標系拖曳」，可以界定為空間的騷動。研究廣義相對論的學者長久以來知道，旋轉質量（例如黑洞或行星）會拖曳尾跡附近的空間，雖然這個尾跡是不可見的。坐標系拖曳很像是把蘋果（質量）放在焦糖漿（空間）裡轉個幾圈。

我向學生解釋黑洞的性質時，總是以恆星如何形成，當作開場。整個過程始於重氫（氘）的氣態原子在廣大的星際空間，因重力的互相吸引而開始聚集，和星期五晚上單身酒吧裡的情況不無相似。重氫的原子核含有一個質子和一個中子，當重氫原子逐漸聚集，它們的重力便會吸引到更多的原子。兩個重氫原子互相撞擊時，會結合形成一個氦原子，氦的原子核是由兩個質子及兩個中子組合而成的。如果我們量一量原來兩個重氫原子的質量，再與後來產生的一個氦原子的質量比較，就會發現兩個質量之間有點差異，一個氦原子的質量比兩個重氫原子的質量總和略小了一些。這損失的一點點質量遵循 $E = mc^2$ 公式，轉變成熱能。經由重氫氣體燃燒形成氦的過程，一顆新恆星便誕生了。

包括我們的太陽在內的每一顆恆星，都受到反向的兩種力平衡作用之賜而存在。一種是恆星內部氣體的重力，不停將星體向內拉，而另一方面，重氫原子的碰撞釋放出大量熱能，熱能造成的熱輻射又不斷將星體向外推。這種拉與推的過程繼續下去，直到做為內部燃料的重氫原子統統轉變成氦為止。這時，已經沒有燃料可維持內部的熱能與壓力，將星體向外推的力也消失了，於是把星體向內拉的重力不再受到抗衡，結果恒星開始崩陷。恒星崩陷時，會發生許多有趣的事情。

首先，恒星內的電子也因重力的影響，而擠在一塊兒（電子是些微帶電的次原子粒子，占原子全部質量的百分之一以下）。量子力學中，有一條定律叫做「鮑立不相容原理」，是由瑞士物理學家鮑立發展出來的，他指出兩個電子不可占有完全一樣的空間，這個原理防止了電子擠作一團的危機。

恒星的氣體最終會安定下來，恒星最後變成了白矮星，白矮星的大小約如地球一般，它的核燃料已經消耗殆盡，不能再產生熱，來抗衡本身的重力。一般認為，我們的太陽壽命已經五十億歲，已屆中年，最終的命運也將是如此。再過五十億年，太陽的燃料便會告罄，變成另一顆白矮星。

然而，還有一些例外。如果恒星比太陽大很多，電子受到強大的重力吸引，而被擠進質子裡，形成中子，恒星就變成密度很高的中子星，主要由中子構成（專業上來說，中子星是星空中的遺骸）。

而那些質量比我們的太陽大兩倍半以上的恆星，沒有任何東西能阻止它們繼續向內崩陷。由於繼續向內崩陷，重力場便不斷升高，最後這個星體周圍的重力場將變得很強，強到想離開恆星表面的任何東西，都會給拉回來，包括光線也不例外。連光都離不開星體表面，使得這顆恆星變成所謂的黑洞。「黑洞」這個名詞，是美國物理學家惠勒在一九六〇年代初期創造出來的。[20]

弗瑞德讓研究黑洞的想法給迷住了，但是我知道等到真正指導他的時候，我必須謹慎。我當然不能要他研究經由旋轉黑洞回到過去的時光機器，否則我們兩人都要付出代價。學生的論文必須是有解答的，還要有特色和原創性。於是我建議他在我熟悉的範圍中尋找論文題材，可以做我研究過的電磁學的法拉第效應（以英國物理學家兼化學家法拉第為名）。

法拉第效應是光在磁場中通過透明物質，例如玻璃，所發生的現象。光波前進時，會上下振盪，猶如抖動的繩索一般，而光波給約束在某一平面上的振盪，叫光的偏振。碰巧，偏光太陽眼鏡就是利用光的這種性質。來自太陽的光線從金屬表面，譬如汽車外殼反射時，就會產生偏振，偏光鏡片只能擋掉這種偏振光。

當光射入玻璃磚時，如果在玻璃磚兩端施加磁場，而且磁場方向與光波行進的方向一致，光波的偏振面就會扭轉。我曾在一篇論文中讀過，當光通過旋轉物體的軸方向時，旋轉物體的重力場會扭轉光的偏振面。由於旋轉的黑洞會扭曲空間，暗示旋轉的黑洞也會使經過的光，偏振面產生扭轉，雖然這種特殊的效應尚未有人證明過。我向弗瑞德建議，他的論文不妨探討，當偏振光通過旋轉黑洞時，會發生怎樣的變化。

弗瑞德急於展開研究，在他都還沒告訴我，是否有了新突破時，就想要把論文投到最常受到引用的首要期刊去發表。我在心裡微笑，他這種舉動好熟悉啊。我問弗瑞德是否已有屬意的投稿對象，他回說《天文物理期刊》，我知道那是論文最難獲得採納發表的期刊之一。「好的，弗瑞德，」我說：「我們就這麼辦！」

教授工作的第三項正式任務：大學社會服務，也迅速冒了出來。我深知自己可以為整個社會做一些事，也有意願公開演說，並從事與少數族裔有關的事務。身為康大物理系的唯一黑人教授，我樂於招攬和建議更多少數族裔學生研讀科學，因為在蓬勃發展的科學與工程領域中，缺乏少數族裔的代表。

但是，一旦牽涉到利益、學校行政或校園政治時，那又是另外一回事了。我跟主管學術事務的助理副校長基特，坦誠討論過教授的行政責任後，我們很快同意，university（大學）的事歸她管，我操心universe（宇宙）的事就好。基特後來與我成了好朋友。

第十章　深入黑洞

一九七九年，紀念愛因斯坦百歲誕辰的活動將在世界各地展開。愛因斯坦在一八七九年三月十四日出生於德國南部、位於多瑙河左岸的烏爾姆。

為了讚揚愛因斯坦的豐功偉績，那年夏天在義大利的港，有一項大型活動在國際理論物理中心舉行。我很希望參與這項活動，早在一年多前便向籌備委員會提出申請，並且提議在會中報告逆向的愛因斯坦—英費爾德—何夫曼問題（ＥＩＨ問題）。那時我已經發表過幾篇相關的科學論文。

我進一步向自己任教的康乃狄克大學詢問，才知道如果我受邀到大會中宣讀論文，校方只提供機票及住宿的部分費用，我得要自掏腰包補足差額才行。

後來，普惠飛機公司提供我顧問一職，解決了旅費短缺的問題。那兒有人還記得我在聯合科技的成就，特別是在雷射鑽孔的理論分析方面，現在他們要我協助指導電子束鑽孔的研究。除此之外，他們又提出要求，請我把自己發展出來研究雷射鑽孔的數學技巧，教他們裡面的一位工程師。

一九七八年夏季，學校放假期間的這份兼差工作進行得很順利，我存夠了旅費差額，能夠前往義大利的港了。

我參加愛因斯坦大會的申請，在一九七九年初獲得核准。這場盛會將在「的港」這個靠近亞得里亞海的風景勝地召開，桃樂賽與我兩人，從來沒都有去過歐洲，因此我們計畫趁這個機會，順便渡個假。在預定出發的一個星期前，幾位朋友為我們餞行。

午夜後不久，我們離開聚會，由桃樂賽開車。當我們轉進一條郊區道路時，迎面來了一輛汽車以遠光燈照我們，燈光亮得讓我們看不清前方。桃樂賽立即盡量靠往路肩，把車子停在路邊的草地上，剎那間，另一輛車撞上了我們，在駕駛座的桃樂賽受到嚴重衝撞，我僅有輕微外傷和淤血。而肇事的駕駛原來是酒醉駕車，卻幾乎沒受什麼傷。我爬過去察看桃樂賽，只見她被夾在前門和儀錶板之間，呈現奇特的姿勢，像布娃娃似的躺著。

消防隊員用了切割金屬的工具才將她救出，再由救護車送我們到醫院。桃樂賽的一條腿骨折，髖骨嚴重粉碎，醫院一面召喚值班的骨外科醫師，一面將桃樂賽送進急診室。事情就是那麼的湊巧，值班醫師正是當晚聚會的主人葛利司華德，而且他的太太也在康乃狄克大學英語系教書。葛利司華德用骨釘和骨板替桃樂賽修補髖骨，再打入不銹鋼鋼釘支撐她的斷腿。醫師預期桃樂賽可以完全復原，但至少需要住院三星期。

可以確定的是，桃樂賽短期內不可能旅行了，我們的義大利之行必須取消。翌日我到醫院去看她，她提議我單獨去的港。桃樂賽進一步解釋，她會得到很好的照顧，反正即使我留在那裡，暫時也沒什麼能幫得上忙的，而且我會在她出院前回來。

於是，我安排朋友在我出國期間來照顧桃樂賽，重新修改行程，並且取消了原定的渡假計畫。然後收拾好行李，飛往的港，趕赴愛因斯坦之約，參加他的一百歲壽宴。

的港是非常美麗的城市，位於義大利的東北角，遺世而獨立。這個城市有一段時期由奧地利占領，又有一段時期由南斯拉夫占領。

⌛

總共有來自世界各地約三百位跨領域的物理學家，出席這次大會。大會安排我在議程的一半時，宣讀論文。前幾頓晚飯後的大部分時間，我都待在可以俯視蔚藍亞得里亞海的旅館房間裡，坐在書桌前準備論文，複習了無數次。大約有二十人出席我發表演講的那場夜間研討會，演講後的問答時間，氣氛很熱烈。

完成大會演講後的第二天，我覺得解脫了，黃昏時徜徉在的港如畫般的風景中。的港後來很快就成為義大利最重要的科學研究中心。晚餐時我用過一道開胃菜後，就開始品嚐維也納炸牛排，那碰巧是我所嚐過最好吃的一次，不論是在之前或以後，都沒有遇過更好吃的了。翌日與物理學家同行們聊起，其中一位說那兒的維也納炸牛排之所以好吃，是因為受到奧地利的影響。遇到科學和美食的時候，物理學家似乎都很在行。

我在的港期間獲得了一份很珍貴的友誼。我認識了一位新朋友，麻州大學的天文物理學家泰勒，他高瘦的身材，在我看來就像是電影明星吉米・史都華。泰勒人很和善，笑容常掛在臉上，我們有許多時間聚在一起談論科學及人生，並且一同用餐。泰勒的研究突破，日後終於使他贏得諾貝爾獎，卻讓我在這場意外的友誼與工作收穫中，加深了我對時空柔順性的認識。

一九七四年，當時就是麻州大學教授的泰勒，與研究生哈爾斯，利用設置於波多黎各阿雷西波的一具世界最大單碟電波望遠鏡進行觀測，發現了一顆脈衝星（快速自轉的中子星）。這顆脈衝星發射出有間隔的電波脈衝，間隔常會規律的變化，在八小時的週期中，脈衝間隔會縮短或增加。他們自這些訊號斷定，這顆脈衝星必定是在接近或離開地球，週而復始。而且他們推論出，這顆脈衝星必定正繞著一顆伴星運轉，他們相信這顆伴星也是中子星。

愛因斯坦的廣義相對論中有一項關鍵性的預測，指出兩顆恆星（雙星）互相繞行時，會在時空中引發漣波。因為根據愛因斯坦的理論，重力是時空的曲率，那麼時空中的漣波就是重力波。在此之前，從沒有人直接偵測到重力波。

泰勒與哈爾斯對脈衝雙星的變化觀測了多年，深入從未有人觀測過的地方，他們在一九七八年（我在義大利認識泰勒的前一年）發表突破性的發現，把重力波存在的第一個觀測證據呈現給全世界，也提供了愛因斯坦相對論的一項強力支持。[21]

雖然我與泰勒一見如故，而且他的胸襟是那麼開放，人也毫不做作，我還是沒有向他提起自己想製造時光機器的念頭。不單是擔心我會變成笑柄，影響學術升遷，也因為我發現自己遇到了另一個問題：身為黑人物理學家（我是唯一出席的港會議的黑人），已經很難讓人認真看待，如果又只做一些極端的研究，就更難被接受了。

在離開的港之前，我邀請泰勒來康乃狄克大學的物理論壇，談談他在天文物理上的開創性成就。泰勒隨後真的履行承諾了。

我回到家的時候，桃樂賽還在休養，我已經迫不及待回去教秋季班的課。一九七九到一九八〇年的那一學年，我遇到一項迫切的問題，那絕非突發性的事件，而且應該是不可避免的。

長久以來，我一直很困惑，為什麼少數族裔學生極少考慮把工程或科學當成終生事業。參加的港會議時，發現自己是與會唯一的黑人物理學家，確實會使我聯想起，每逢徵募少數族裔學生來就讀科學系所時所遇到的困窘。在我自己的大學裡，事實上，少數族裔學生中沒有一個主修物理，主修工程的也沒幾個。

康大工程系的黑人學生華克，正準備在校園成立「全國黑人工程師學會」的分會。華克在那年秋天找我，徵詢我是否有意願出任分會的義務教授顧問，我欣然同意，並且做了三年（一九七九至一九八二年）。這個組織吸引了不少的少數族裔學生，他們都具有數學與科學方面的天賦，但都沒有認真考慮以工程師為職志。

我為這個校園分會安排的活動之一，是去參觀康乃狄克州格羅頓港的潛水艇基地，那是讓大家都很興奮的活動。整個過程中，我與安排這項活動的當地海軍招募人員熟稔起來，我們討論到海軍中少數族裔學生遇到的難境。其實當時美國海軍的軍官團中，少數族裔的比例極端不足，我還聽說，這種情況導致各層官兵之間的關係日漸緊張。

於是海軍方面發動了「大學校園聯絡官」計畫，試圖改變緊張的情勢。這個計畫的構想是，在大學院校中，徵求曾經擔任軍人的教職人員，由海軍授予少校軍階，擔任聯絡官，請他們協助增加軍官團中受過科技訓練的少數族裔人才。我曾在空軍當過兵，獲授少校軍階成為軍官，對我而言，是無法抗拒的誘惑，而且同時又可以協助少數族裔學生，這簡直是再好不過的事。於是儀式在校園舉行，由一位海軍少將為我授階，校長和我的學生出席觀禮。

從一九七九年到一九八五年，我擔任了六年的大學校園聯絡官。我的責任之一是當作招募少數族裔新兵的楷模，也做為學生的楷模。由於這樣的身分，空軍的一位招募軍官邀請我到德州聖安東尼的萊克蘭空軍基地訪問。萊克蘭空軍基地就是我多年前當大頭兵，入伍訓練時度過「地獄季」的地方。我應招募軍官的要求，穿著整齊的軍服進行訪問。

我們到訓練場地巡視，看到一群無助的新兵，正受到訓練班長的高聲吆喝，那位訓練班長剛巧背對著我們。陪同我的招募軍官那時輕聲問我一個問題，我也輕聲回應。訓練班長突然發飆說：「誰在我背後講話！」他旋即轉過身來，一眼看見我身上閃亮的金穗，馬上立正敬禮說：「對不起，長官！」

我回禮說：「繼續你的工作，士官。」

當那位訓練班長轉回身去，面對那群新兵後，我不禁回想起自己抵達萊克蘭、步下巴士即受到吆喝的那一天。我知道，如今我身為少數族裔軍官、受到訓練班長敬禮的一幕，必定會深深烙印在那些正遭吆喝的少數族裔新兵的心中。

此時，我的研究生弗瑞德・蘇的論文研究進展得不錯，我很開心。他成功證明了，恆星發出的偏振光（上下振盪）經過旋轉黑洞時，光線會在旋轉黑洞的周圍受到拖曳或扭曲。弗瑞德這個新獲得的結果，大幅增進了我們對於旋轉黑洞如何影響空間的理解。

依照弗瑞德開始做研究時所提出的要求，我們將論文送交給《天文物理期刊》發表。這篇論文在一九七九年底獲得接受，一九八〇年六月以〈克爾度規對電磁波偏振面的效應〉為題目刊出。弗瑞德欣喜若狂，這篇論文令我終身難忘，就像自己在賓州州立大學發表的第一篇論文那樣。

對我而言，在指導弗瑞德的論文過程中，學到了更多有關旋轉黑洞的知識。雖然這篇論文尚未討論到旋轉黑洞在時光旅行這方面的東西，可是它幫助我進一步瞭解與旋轉物質相關的坐標系拖曳現象。我終於能夠提出這個問題：坐標系拖曳與克爾旋轉黑洞的封閉類時間線之間，是否有所關聯？

假使空間中果然發生了坐標系拖曳（這一點至今尚未能證明），那麼封閉時間迴圈便有可能存在，這樣一來，坐標系拖曳最終便有可能與回到過去的時光旅行扯上關係。儘管我只是憑一點直覺，覺得這樣的關聯可能存在，但是還沒有絲毫的科學證據可以證明。不過，我仍然決定這條探勘之路，值得進一步調查。

正當我更深入思考，封閉時間迴圈如何促成回到過去的時光旅行之際，「似曾相識」這部關於時光旅行的唯美動人電影上映了。這部電影是以麥特森的科幻小說《喚回時光》為依據而改編的。麥特森也經常參與「陰陽魔界」的編劇。

電影一開始是劇作家李察（由已故的「超人」主角克里斯多夫．李維飾演）在慶祝他的戲劇首演成功的宴會上，一位老婦人走向李察，交給他一隻懷錶，並對他說：「請回到我身邊。」說完，便消失在人群中。李察完全不認得那婦人，因此感到非常困惑。

若干年後，李察來到一家歷史悠久的大旅館，看到牆上懸掛一幅畫像，畫中的女郎年輕美麗。李察自旅館的職員那兒得知，那是艾絲（由珍．西摩爾飾演）的畫像，艾絲是一九〇〇年代初期最出色的女明星。李察為艾絲的美麗傾倒，設法拜訪她的故居，發現她竟是送懷錶給自己的那位老婦人，大為震驚。不幸的是，艾絲在交給他懷錶的當晚便死了。

李察在艾絲的屋子裡發現一本書，書名為《穿越時間的旅行》，是一位專門研究時光旅行的哲學教授寫的。李察找到這位教授，得知在適當的環境中，以自我催眠的方法，有可能回到過去，而這個環境要與過去有連結，並且與外界隔絕。

李察回到那家旅館，把自己投射回一九一二年，艾絲在旅館演出的前一天。這個轉換很戲劇化，伴隨著馬車的場景和聲響，以及舊時華服。於是李察見到了艾絲，雙雙墜入愛河。有一天，李察把艾絲給他的懷錶拿出來讓艾絲看，不小心，一枚刻有未來日期的銅板自李察的口袋掉到地上。突然間，李察再也不能留在過去，而回到了自己原來身處的時代，徒留懷錶給從前的艾絲。顯然艾絲最後會在未來見到李察，再把懷錶交還給李察，那又會使李察回到她那兒。如此這般，就完成一個封閉時間迴圈。

「似曾相識」的故事情節對心理的刻畫，多於對物理的解釋。然而，電影所引出的問題，以及暗示出來的可能性，都非常吸引人。這部電影提醒了我，科幻故事對我人生的影響有多重大。青春年少時，我的世界一團糟，是科幻小說讓我懷抱大志的。很快的，我在康乃狄克大學找到一位志同道合的科幻迷，研究生學院的副院長赫克米勒，他後來還升任為院長。

我們是在一同開車去哈佛大學參加學術會議時認識的，前往波士頓的途中，我們發現共同的愛好——科幻，於是一路興奮的討論我們喜歡的書籍、故事和電影。結果我們沒有出席哈佛的晚間討論議程，兩人跑到劍橋，在赫克米勒最愛的德國餐廳裡，繼續熱烈的討論，不久就自然接上時光旅行的主題了。

我們都喜愛由摩爾寫的短篇故事〈收穫季節〉。故事發生在一家海邊的小酒店裡，酒店主人聽到一群有點兒奇怪的陌生客人在高談闊論，讚嘆當時真是本世紀最美麗的時期。他們對現時品頭論足，彷彿事情已經發生。酒店主人稍後發現，這群人來自未來，他們知道這個地區即將發生災難：大規模的流星雨馬上就要襲擊。這些時光旅人到此是為了觀察這場災難，他們常做這種事。他們只觀察，不干擾；換句話說，他們真正是時光旅行的觀光客。

赫克米勒在討論中表現得非常激動，特別是談到時光旅行時。於是我喝咖啡時，在心中默默決定，要把父親過世的事情告訴他。我相信他可以信賴，因此對他說出了自己的畢生夢想：製造時光機器，回去找我父親。我說：「這就是為什麼我苦讀數學和科學，成了物理學家。」

赫克米勒知道愛因斯坦狹義相對論的一般概念，我們討論如何從相對論實現時光旅行。尤其是，赫克米勒很清楚愛因斯坦曾預言過，運動中的時鐘，會使時間變慢。他也知道，這會導致孿生子弔詭的怪事，就是說，雙胞胎兄弟的其中一個，如果以接近光速的速度運動，後來會比留在家中的另一個兄弟年輕得多。事實上，運動中的那一個兄弟是跑到雙胞兄弟的未來去了。

赫克米勒可以瞭解，為什麼我在學術生涯的此時此刻上，會希望隱藏這個最終目標。看來他深深受我的故事感動，我知道自己對他的直覺是正確的，此後多年一再顯示，我的直覺都很正確。

赫克米勒與我後來成為好朋友，也一起擔任大學科幻俱樂部的顧問。俱樂部每個月召集一次晚間聚會，在學生活動中心的一個房間裡討論科幻故事和書籍。有時我們用老舊的錄放影機播放一些影帶，那台錄放影機還是我從家裡扛來的，用完再扛回去。就這樣，我們看過了浩劫後所發生的故事「男孩與狗」、描述來到地球的外星人的「天降財神」（那個外星人由大衛．鮑伊飾演），以及「碧血長天」。

「碧血長天」描述一艘現代的美國航空母艦穿過時空翹曲，來到一九四一年，恰巧是日本偷襲珍珠港的前夕，他們面臨兩難的道德問題，是否要使用現代化火力制止日軍攻擊，改變歷史？

我們也討論過莫爾在一九五三年發表的小說《引達大赦之年》，書裡的美國南北戰爭是由南方獲得勝利。感謝老天爺，有一位歷史學者能夠回到過去，改變蓋茨堡之役的經過，扭轉未來，變成我們所熟悉的結果：北方獲勝。我說「感謝老天爺」，是因為南方獲勝令我非常不安，如果是那樣，奴隸制度豈不就保留了下來？

當然，所有時光旅行的電影中，最成功的一部是一九八五年推出的「回到未來」，而且後來又有好幾部續集。影片中的少年馬帝（米高・福克斯飾演）被聰明卻有點瘋狂的發明家朋友布朗博士（克里斯多夫・洛伊飾演）送回到一九五五年；這一年，對我有特別的意義，我父親就是在那一年過世的。回到過去的馬帝，干擾了兩個情竇初開的少男少女正在萌芽的羅曼史，差一點讓自己消失，因為那對青少年注定是他的父母。這部影片戲劇化的說明了，任何時光旅行都會有的潛在嚴重問題——擾亂過去。

⧖

我一面享受教書的樂趣，一面繼續發表學術論文。系裡的同仁似乎很滿意於我在研究、教學以及社會服務方面的表現。一九八〇年三月，我獲得終生職，同時晉升為副教授，只要再升一級，我便成為正教授了。

為了當上正教授，我進行中的研究不僅要由本系同仁審查與評鑑，還要經過其他大學的物理教授的審查與評鑑。我必須維持一貫的研究速度，完成職業生涯的最後一步；大學中，有不少的教職人員，永遠達不到正教授的職位呢。

在學術生涯有所進展的同時，我在相對論及時間性質方面的知識也有增長，但是對於如何製造時光機器，仍是一籌莫展。就在徬徨中，一個可能把我推向最終目標的機會突然出現，我從物理系的布告欄上看到，福特基金會正在徵求資深博士後研究獎助的人選，入選者可以跟自己研究領域中的任何人，做一整年的全職研究。

一九八二到一九八三年的這個學年度，我即將有資格獲得第一次休假年。休假年是大學的傳統，讓大學教授每教書七年，獲准離開學校一年去旅行或研究。教授可以到別的研究機構訪問，與其他研究人員在共同領域中合作，不必承擔教書和大學服務的責任。在康乃狄克大學，休假年只可以領取半薪，雖然可能造成我的一點財務損失，不過福特基金會的獎助會補足差額。

我開始思索，在物理範疇中，誰是我最希望可以一起做研究的人。花不了什麼功夫，我便理出這個人來，那就是惠勒，他是當代的傳奇人物。早在我尚在空軍服役時，讀了他的一篇非專業性文章〈時空動力學〉，就十分欣賞他的作品了。後來我也讀過惠勒的許多科學論著。

惠勒一九三三年自約翰霍普金斯大學取得博士學位。他任職於國家研究委員會的時候，在偉大的量子力學先驅波耳指導下做研究，後來在一九三九年，惠勒與波耳共同發展出核分裂理論。惠勒最後還當上普林斯頓大學的教授，成為愛因斯坦的同事。（需要我繼續講下去嗎？）

惠勒也跟歐本海默共事過。一九四〇年代，惠勒與他的學生費曼，發展出電磁學的新表述，後來費曼因為這項研究對量子電動力學有貢獻，而贏得諾貝爾獎。到了一九五〇年代，惠勒對於把愛因斯坦的廣義相對論用在恆星演化的研究，愈來愈有興趣，這項工作讓惠勒創造出「黑洞」這個名稱，來形容垂死恆星的最終命運。他指導過量子論和廣義相對論的基礎研究，為理論物理的眾多「次領域」奠了基。

多年來，惠勒一直是慷慨、寬厚的合作者及導師，協助過許多傑出的近代理論物理學家，讓他們在專業生涯上起飛。除了費曼以及其他人之外，還包括索恩[22]。

在我的休假年那時候，惠勒兼任兩個職務，一個是普林斯頓大學的榮譽教授，另一個是德州大學奧斯汀分校的理論物理中心主任。我寫信到奧斯汀給惠勒，介紹自己的背景，要求他讓我以福特基金會獎助得主的身分，在理論物理中心跟隨他研究一年。

惠勒打電話與我們的系主任伯德尼克談過，知道我是怎樣的人之後，惠勒正式發函，邀請我利用休假年到理論物理中心擔任訪問學者。（伯德尼克的性格直率爽快，據說，他告訴惠勒，說我的「腦袋還算聰明」。）

於是我遞出福特基金會資深博士後獎助的申請書，說明自己已經受到惠勒教授以及他的理論物理中心的邀請，便獲得了一九八二至一九八三學年度的獎助。我會通過，無疑是因為惠勒的崇高聲望。

桃樂賽與我在一九八二年夏季前往德州。出發之前，惠勒與他的夫人珍奈特，好意邀請我們到他們的渡假別墅去拜訪，地點在緬因州巴港附近的高島。

惠勒家的房子在與世隔絕的郊外，我們花了很長的時間才找到。當我們終於把車停到他們的房子旁邊，有一位看起來很快活的男人，一下子就蹦到車子前面向我們打招呼，那就是鼎鼎大名的物理學家惠勒本人。雖然第一次會面，我略顯緊張，但惠勒的笑容和親切立即讓我鬆弛下來。後來桃樂賽與我談起對惠勒的印象，一致認為他酷似英國演員埃德蒙·格溫，就是在電影「三十四街的奇蹟」（一九四七年版）電影中，飾演克利斯的那一位。

我們抵達時，惠勒夫人不在家，惠勒便請桃樂賽一起到書房，加入我們的第一次工作討論。結果，惠勒的開場白無關物理，而是神對宇宙的看法。隨後珍奈特回家來了，她跟她丈夫一樣親切好客，邀請桃樂賽去散步。桃樂賽後來對我說，對於沒辦法繼續參與討論，覺得有點可惜，因為她發覺惠勒的談吐是「那麼有趣，而且毫無學術味」。

是真的，我日後得知惠勒不論是與朋友在家中，或是與科學界同仁在大學裡，都喜歡問有關宇宙，以及為何宇宙會給建造成現在的樣子的大哉問，譬如「為什麼會是量子？」之類的問題。惠勒接著會問下去的典型問題是「為什麼量子論能支撐事實？」以及「事實能以別的基本原理為基礎嗎？」另一些惠勒為人熟知的名言是「沒有觀測者，就沒有物理定律。」還有「從無中怎能生有呢？」這些說法或問題，牽涉到的哲學面跟物理面一樣廣，令人可以準確感受到，提出這些問題的人很有深度。

⌛

過了一個愉快的週末之後，桃樂賽與我便先動身，踏上跨越美國之旅。我們先往洛磯山脈的方向行進，再南下德州。

奧斯汀是德州大學的所在地，位於德州這個「孤星之州」的中心，在所謂的「丘陵地帶」上。我們一般熟知的德州典型地形大多是平坦的沙漠及灌木蒿地貌，而丘陵地帶上徐徐起伏的綠色丘陵景象，可說是大異其趣。當時德州大學的校園不大，學生人數約為四萬五千人。

我正好在秋季班開學之前抵達理論物理中心，而惠勒還在緬因州，不過他的行政助理協助我安頓下來，撥出一間辦公室讓我與另一位博士後訪問學者共用。我的辦公室室友跟隨溫伯格研究，溫伯格在三年前獲得諾貝爾獎，最近才剛受聘為德州大學物理系教授。

溫伯格一九三三年出生於紐約，是一位法庭速記員的兒子，由於他對統一基本粒子之間的弱核力與電磁力的理論極有貢獻，在一九七九年獲得諾貝爾物理獎（與格拉肖及沙拉姆共同獲獎）。我還在聯合科技工作的時候，我的上司皮特森把我對統一重力與弱核力所做的獨立研究送給溫伯格看，他回信說我的見解「很有意思」，雖然「有點問題」，當時確實讓我受寵若驚。然而現在回想起來，那些話似乎有些言不由衷。

無論我當時多麼希望能與溫伯格發展出友善的關係，這個夢想將很快幻滅。溫伯格是高個子的壯漢，有一頭淡棕色金髮，我在奧斯汀與他第一次碰頭，是他匆匆忙忙衝進我與另一位學者共用的辦公室，從我身邊掠過，提醒那位隨他做研究的訪問教授，溫伯格跟他太太在家裡舉行的宴會事宜。溫伯格離開時，正眼也沒看我一下，我覺得有一點受傷，但還是淡然處之。

事實上，那不是我第一次受到溫伯格的冷落。我開始在康乃狄克大學教書約一年後，有一次去賓州州立大學參加粒子物理會議，在走廊遇到溫伯格。我上前為他在前些日子給皮特森的信中，對我的研究給予善意的評語，表達謝意。但是溫伯格看了我一眼，不發一語，轉身就走開了。我給弄糊塗了，覺得很受傷，也不知該做何想。

我們在奧斯汀的另一次碰面，是在教職員俱樂部裡。溫伯格走進俱樂部，對著我的方向揮手致意，於是我也很高興的揮手。可是溫伯格又特別做了個手勢，表示他是向我旁邊的人打招呼。或許我過於敏感，可是那樣的情形一再出現，確實惱人，難道我千里迢迢來到這裡，是為了讓我所尊崇的物理學家輕蔑對待的嗎？我向惠勒的行政助理提起那些惱人的事，但是請她不必拿那些事來打攪惠勒。

惠勒回來學校後的某一天，和我一同進入電梯。（雖然惠勒在緬因州時穿著很休閒，但在大學裡一定穿整套西裝，看來比較像是成功的銀行家，更甚於物理學家。）電梯裡已經有另一位乘客：溫伯格。

「溫伯格，」惠勒說：「我想介紹我的同事馬雷特，給你認識。」

溫伯格轉向我，輕輕與我握手，好像他第一次見到我似的。

稍後，惠勒的行政助理承認，她向惠勒說起溫伯格對待我的不友善態度。惠勒也就處處有意無意的親切待我，對我非常尊重，證明了科學界裡，擁有最聰明頭腦的人，一樣會有最廣闊的胸襟。十分可惜，我不能說傑出的溫伯格是其中之一。在奧斯汀的日子裡，我與溫伯格也就能避免碰面，就盡量避免碰面。

桃樂賽與我遷入奧斯汀西湖崗區一幢舒適的房子，是向一位到義大利渡休假年的教授租來的。由於我會整天待在學校，桃樂賽找到一份臨時機構的差事，最後到州政府人資部門做資料處理與事務的工作。

奧斯汀是個大都會，我們這對黑白異族夫妻去到任何地方，都覺得完全被當地居民接受。然而在德州的其他地方，則是另一回事了。一旦離開奧斯汀的範圍，到遼闊的平原地帶，立即感受到人們的目光無時無刻都盯住我們，特別是在一些小鎮。那些小鎮的名字我老早就忘記了，但聽來很像什麼「風滾草」或是「長耳兔」之類的。

有一回，在這類的某個地方，桃樂賽與我從一家小店鋪走出來，一個在地人對著我們露出猙獰的笑容，他把手指彎起來，對著我的胸膛，做出扣扳機的動作。這些事情時時提醒我，我又身處南方了。

⌛

在理論物理中心的研究，完全像我期望的那樣令人振奮。在這裡，我首度一探霍金研究的內涵，這些細節將引領我進入嶄新的研究方向，最終將會對我的時光旅行研究產生重大的影響。

出生於一九四二年的霍金，在當時就已經聲譽鵲起，是二十世紀後期，廣義相對論研究領域中最重要的人物。霍金令人驚奇的地方，不僅是他傑出的研究，還包括他在身體那樣糟的狀況下，仍可以做出傲人的研究成果。一九六三年，正當霍金在英國劍橋大學攻讀博士學位之際，給診斷出罹患了稱為「肌萎縮性偏側硬化症」的運動神經元疾病。著名的前洋基隊一壘手盧・賈里格，就是得了這種病而過世，所以這種疾病通常也稱為「盧賈里格症」。肌萎縮性偏側硬化症會導致病人逐漸不能行動，終至死亡。

雖然身染惡疾，霍金仍舊從事各種研究計畫，而且範圍很廣泛，他的研究為宇宙的形成到黑洞的行為，奠定了基礎的見解。霍金最主要的貢獻之一，是把量子力學融合到黑洞理論之中。

一般的古典黑洞理論描述，恆星崩陷形成黑洞，其中的物質將永遠陷於黑洞內。如果只是一個黑洞孤伶伶的在太空中，我們是觀測不到的，然而，好些黑洞是以雙星系統的方式伴隨出現，雙星系統是由兩顆互相繞行的恆星組成的。最先給觀測到的雙星系統是在天鵝星座，命名為天鵝座X-1星，距離地球大約一萬光年。

構成這個系統的兩顆恆星，有一顆是能自地球看見的發光恆星，旁邊則有一顆不可見的伴星環繞著。這顆不可見的伴星，質量約為太陽的八倍，它強大的重力場能把發光恆星的氣體拉扯過來，吸入自己的內部。當這顆不可見的伴星吞下發光恆星的氣體，氣體的溫度會升高，使得不可見伴星的外圍發光，產生光暈。光暈的中心沒有發出任何一點點光出來，那即是黑洞的所在。這種雙星系統的最終命運是，黑洞會把發光恆星整個吸過來吞噬掉，只剩下單獨一個大黑洞。發光恆星原本的物質和光輝，永遠逃不出黑洞。這就是古典觀點下的黑洞概況。

然後，在一九七四年，霍金扔出一枚震撼彈。霍金指出，如果我們考慮黑洞內的物質也遵守量子力學的定律，那麼情況將會改變。

想要瞭解發生什麼改變的方法之一，可以回溯到我最早對量子力學產生困惑的時候，我那時還在空軍當兵，第一次遇到薛丁格方程式。薛丁格方程式使用波函數來形容物質的波動性質，以希臘字母 ψ 來表示。波函數是量子論的中心性質，導致物質的許多怪異行為。波函數並不明示一個粒子的確切位置，只告訴我們粒子大概位於何處。這又可以連結到海森堡的測不準原理，這個原理不允許一個粒子的位置及運動，同時給準確測知。

量子力學中最不尋常的現象之一，就是一般所知的「穿隧」現象。在我們日常的世界裡，假如你把球扔向一堵牆，球會反彈回來。而在量子力學的世界裡，當粒子往一堵牆接近，牆的另一邊也可能出現代表粒子的波。意思是說，當粒子接近一堵牆時，它能穿過牆，出現在牆的另一邊。「穿隧二極體」是一種有實用價值的電子元件，利用的就是這樣的性質。

霍金所做的，即是把這種穿隧的性質，應用到黑洞裡的物質。他證明出：如果黑洞夠小的話，黑洞的障壁將薄得足以讓物質穿隧通過，出現在黑洞外面。換句話說，以量子力學的立場而言，黑洞能夠讓物質洩漏出去。若是物質洩漏出去，黑洞便將逐漸變小，最後導致這個黑洞蒸發掉。

物質與能量自蒸發中的黑洞逸出，這個過程就叫做「霍金輻射」。這種「蒸發中的黑洞」的想法，震驚了物理界，也使我完全為之著迷。

待在惠勒的理論物理中心期間，我學到許多東西，主要是在更深入瞭解黑洞這方面。我希望，藉由持續探究這個似乎會撓曲時間的怪異現象，或許可以直接或間接引導我，在時光旅行的研究上做出成果。

我急於回到康乃狄克繼續探討蒸發黑洞的奇異世界，所以一九八三年春天，桃樂賽與我就收拾行囊回家去了。

一九八〇年代初，宇宙學及基本粒子物理領域的發展，對我的研究造成主要的衝擊。宇宙學一直面臨一個問題，這問題光靠大霹靂理論，似乎無法解釋得通。

大霹靂理論說，宇宙是在大約一百四十億年前，從極端緻密、極度高熱的狀態下誕生的。經過了這麼長久的擴張之後，為什麼宇宙整體看起來還是這麼均勻呢？當我們眺望太空，看到的其實是宇宙以前的模樣，我們往愈遠方的太空看去，看到的是愈接近宇宙最初的樣子。為什麼會是這樣呢？

麻省理工學院的物理學家谷史，在他的研究中提出對這問題的解釋。谷史主張，大霹靂之後沒多久，宇宙突然在一段極短暫的時間內加速擴張，使得初生宇宙的一小塊均勻區域大幅擴張開來，終於演變成今日可觀測到的宇宙的均勻模樣。谷史把宇宙初期的這一小段猛然擴張的階段，稱為暴脹。如果暴脹從未發生，宇宙當初頂多只能再擴張個幾分之一秒，就停擺、甚至收縮了；有了暴脹，才使得宇宙的擴張能夠持續億萬年。

在我的研究中，我開始發現谷史的宇宙暴脹可能影響霍金的蒸發黑洞。霍金表示，如果黑洞夠小的話，黑洞的蒸發有可能很顯著。正常的黑洞很大，黑洞障壁很厚，使得粒子穿隧通過障壁的機率嚴重下降。另一方面，霍金也推測，這些小黑洞可能是在宇宙之初，由於物質極度壓縮而形成的。這些宇宙早期的小黑洞叫做「太初黑洞」，典型的太初黑洞可能大概有十億噸重（相當於一座小山的質量），大小約為一個原子核的大小。

正常黑洞可以用愛因斯坦重力場方程式的一個解來代表，這個解以德國天文學家史瓦西[23]為名。史瓦西解給了普通的黑洞一個很好的說明，然而史瓦西解不會隨時間變化，但是霍金的蒸發黑洞卻會隨著時間快速改變，史瓦西解派不上用場。

我在德州大學時就聽說，印度物理學家韋締亞找到了愛因斯坦重力場方程式的另一個解，可以描述正在快速蒸發的霍金黑洞，這個解因此稱為韋締亞解。我突然想到，由於霍金的太初黑洞是在早期宇宙形成的，那麼谷史的暴脹宇宙應該會影響蒸發黑洞的行為；而谷史理論中的暴脹階段，是可以用愛因斯坦重力場方程式的德西特擴張解來描述的。我知道，這就需要再找出愛因斯坦重力場方程式的一個新解，這個新解既能描述霍金的蒸發黑洞，也能描述谷史的暴脹宇宙。

為了尋求新解，我仔細審視谷史暴脹宇宙背後的物理。在宇宙的暴脹模型中，出現了宇宙常數。我在賓州州立大學曾經跟這個常數交手過，那時我研究德西特的擴張宇宙，當成博士論文的一部分。德西特以帶有宇宙常數的愛因斯坦重力場方程式，導出宇宙擴張的解，就叫德西特解，它代表的空間叫德西特空間。

由於韋締亞解可以描述霍金的蒸發黑洞，我認為，如果我能設法把宇宙常數結合到韋締亞解的方程式中，便能得到所要的解答。經過幾個星期的計算，終於成功找到新解了，我把它整理成一篇論文，題目是〈隱藏於德西特空間中的輻射韋締亞度規〉，一九八五年發表在《物理評論》期刊上。

那項研究引發我進行更多的研究，後來寫出一篇題目為〈暴脹宇宙中蒸發黑洞的演化〉的論文，在翌年發表。這篇論文中，我證明宇宙暴脹會使霍金黑洞的輻射減少，換句話說，由於暴脹，蒸發黑洞確實可以存在得比較久。

就進行原創性的研究而論，那是我的多產時期，我認為自己在這段時間能夠有強大的創造力爆發，要歸功於跟在惠勒教授身旁進修、那彌足珍貴的一年。

一九八七年，我升為正教授。

⌛

一九八〇年代中期，我有幸遇到一位很傑出的研究生，名叫克莉絲汀・拉森。克莉絲汀才以優等成績，取得中康乃狄克州立大學的物理學士。她在衛斯理大學聽過一次我的演講後，便到我的辦公室來，說她已經決定來康乃狄克大學，想在我的指導下做博士論文。

克莉絲汀還沒想到要做什麼題目，於是我們討論了幾種可能性，但沒有馬上達成結論。然後她提起，自己對霍金的研究很有興趣，打算參加一個即將在芝加哥召開的會議，那會議已預定請霍金演講。正巧我也計畫出席同一場會議。我們決定聽過霍金演講之後，彼此都想出一個她可以做的論文題目，然後來做個比較。

那次會議是關於相對論性天文物理的論壇，克莉絲汀與我在那裡見面，一起去聽霍金演講。霍金那時候已經完全倚靠輪椅代步，輪椅上裝設有電腦操作器，他必須用上頭的選單挑選字詞，透過電腦發聲來與人交流。當人們聆聽他那優雅的科學時，會瞬時忘掉那些儀器。霍金曾經說過：「我寧願被當作一位科學家，這位科學家碰巧殘障了，而不是一位殘障科學家。」毫無疑問，霍金絕對是世界第一流的頂尖科學家。

我參加了會議最後一晚的宴會後，回到房間。連日來的疲勞，讓我早早上床就寢。約過了一個小時後，電話鈴聲把我驚醒，那是克莉絲汀打來的。

「朗諾，下來五二〇房，馬上！」

「幹什麼？」我問道。

「我從霍金的房間打來的，我們正在開派對！」

不消說，我馬上穿好衣服跑到派對上。實際上，克莉絲汀多年後重提這樁舊事時，總是說我必定是以超光速衝進霍金的房間。[24]

我來到霍金的房間時，已經有一大群人在那兒喝酒，紅酒、啤酒或調酒都有。包括霍金在內，每一個人似乎都非常高興。霍金很友善，而且臉上的表情很豐富。他的一顆大頭歪向一邊，眼睛讓眼鏡給放大了，像惡作劇般眨著。我曾經從報導得知霍金喜歡音樂，於是問他：「你最喜歡的作曲家是哪一位？」他用電腦操作器從選單裡選出字詞，輕敲操縱器後便發出了聲音：「華格納。」（我看到書上說，霍金給診斷出罹患肌萎縮性偏側硬化症時，十分沮喪，於是他聆聽了華格納「諸神的黃昏」數小時之久。霍金與我似乎除了音樂之外，還有一樣共同的喜好，我聽說在他辦公室的牆上，也有一幅瑪麗蓮夢露的相片。）

之後不久，克莉絲汀與我，還有幾位康乃狄克大學的同事，一起去參加耶魯大學物理系的專題討論，聆聽一位與谷史共同研究的學者演講，內容是谷史最近的研究「子宇宙」。谷史的理論是：黑洞的另一邊，一個全新的宇宙可能正在創造中。

由於黑洞存在我們的宇宙裡，谷史便戲稱那個新宇宙為子宇宙。在我看來的問題是，既然子宇宙在黑洞的另一邊產生，但我們無法看穿黑洞，那怎能知道子宇宙是否真的產生呢？

這時，我轉頭對克莉絲汀說：「這可能就是你的論文題目了。」

我決定直接去請問谷史對這個念頭的想法，於是在哈佛大學的一項會議中，我當面跟谷史談。我告訴他，我想讓研究生探討的問題是，從理論來決定子宇宙是否可以觀測得到。我們將考慮的是：在「霍金輻射」的黑洞（也就是霍金蒸發黑洞）另一邊產生的子宇宙；我們也預期，在我們的宇宙所觀測到的黑洞輻射，應當會受到子宇宙創生過程的影響。

谷史友善又坦率，全神貫注聆聽我說，認為那是個好主意。他又進一步表示，據他所知，還沒有人對這樣的念頭進行研究。然後谷史慷慨提出，如果我們願意的話，我的學生和我可以隨時來拜訪他，一起討論研究進展。

我把谷史的反應告訴克莉絲汀，她大為驚喜。她展開研究工作，同時擔任物理系助教，但後來取得了研究獎學金，可以把所有時間投入研究，不須負擔任何教學責任。

克莉絲汀與我定期去麻省理工學院朝聖，跟谷史討論她最新的研究結果。雖然谷史討論物理的時候非常認真，但總是微笑以對，很容易相處。谷史似乎很愛喝可口可樂，因為他的辦公室裡排滿了成堆的空可樂罐。

克莉絲汀的研究做得很精采，利用我早先在研究宇宙初期的蒸發黑洞時，所發展出來的愛因斯坦重力場方程式的解，她展現出蒸發黑洞在產生子宇宙的過程中，輻射率的確會發生顯著的變化。

谷史很喜歡克莉絲汀的研究成果，這項成果以〈輻射與偽真空泡動力學〉為題目，寫成論文，一九九一年發表在《物理評論》上。克莉絲汀在一九九〇年取得博士學位，畢業前便已經獲得她的母校中康乃狄克州立大學聘請為物理系助理教授。

我對克莉絲汀的論文成果非常滿意，而且得意於她的研究實際上是以我的研究為基礎，也就是我研究擴張宇宙裡的霍金輻射黑洞時，所尋獲的愛因斯坦重力場方程式的解。這個解，促使我發展出解愛因斯坦方程式的專門本領。這就是我在發展新的時光旅行理論時，最終突破所需要的知識，就猶如墊腳石一般不可或缺。

然而，在攀登到研究巔峰之前，我還需要找到途徑，穿出自己的黑洞。

第十一章　回頭是岸

父親過世後，我一直很孤單。這件改變人生的大事，不僅讓我性情大變，也讓我首度陷入漫長的憂鬱情緒中。那時，我只有在孤獨一人、看科幻小說、以及不斷做白日夢當中，才能得到某種程度的慰藉。

高中的時候，我再度覺得憂鬱，這或許是從童年時期延續而來的。然後我離家、投入空軍，心情好了一陣子，之後又在服役時陷入憂鬱狀態。我討厭社交生活，企圖把自己與世界隔絕，那也是我自願在電腦管制室上「墓園」班的原因之一。我再度從書籍和科學中找到避難所。

到了我進入賓州州立大學，並且遇見瑪卓莉，她的出現代表理想中的美麗和聰穎，我才開始感到人生有希望可以更圓滿。

如今經過豐碩的十年，我已成為正教授，指導具有原創性的研究（其中大部分都得以發表），對時光旅行的科學知識有所增進，也有穩定的婚姻。可是，我卻開始感覺不滿足。我有滿腦袋的問題無法解答，「我真能完成自己的終生目標嗎？」「我是否迷失了？」

突然喪父這件事，讓我學到的教訓是，有些機會存在的時間有限，機會現身時，我們要即時把握，不然就可能永遠失去。「這些年，我是用空想支撐生命嗎？」「我全力以赴做研究，是不是在浪費時間做無法實現的事呢？」漸漸的，我又墜入無底的憂鬱深淵中。

在康乃狄克大學裡，我盡力隱藏情緒，正常上課教書、出席會議、與同事互動、指導學生，但總覺得沮喪之情揮之不去。在家裡，則是鬱鬱寡歡、意氣消沈。與以前憂鬱時一樣，我只想獨處。我常常一聲不響，什麼話都沒跟桃樂賽說，便從起居室的坐椅站起身，走入臥室，關上房門和電燈，躺在黑暗中，瞪著天花板。

我害怕自己的生命太不及格了，不僅是個人的生命，事業生涯也是。確實，我在時光旅行上的研究仍不見突破，也還沒製造出可用的時光機器。有時候，我覺得自己跟目標的距離，和十二歲時一樣遙遠，那時候我就在家裡的地下室，用父親的工具，以漫畫書上的圖解為藍圖，製造出第一部簡陋得不成樣的時光機器。

情緒低潮的時候，唯一對我有幫助的是童年時的正面回憶，當然都是我父親亡故前那幾年的事。一遍又一遍，我重溫與父親相處的溫馨時光，例如父親帶我看電視機的內部，耐心對我解釋偏向軛如何控制映像管呈現影像之類的事。有許多東西他已來不及教我，我也有許多問題來不及問他。

我的憂鬱影響到婚姻，桃樂賽曾經嘗試幫我，她是個溫柔的女人，而且總為我帶來安全感。當她看到我因懷念父親而傷感時，會同情並惱怒的說：「你能不能讓博伊德．馬雷特的靈魂安息呢？」但是我辦不到。

縱然與桃樂賽一起時，我一向會有安全感，但如今她怎麼說和怎麼做，都對我無效。在情緒跌入谷底的狀況下，我如以往一樣渴望逃避，只想獨處。我們從來沒吵架，我只是從桃樂賽和我們的婚姻中抽身，那自然深深傷害了她。

我們終於協議分居，我另覓一間公寓。事後我檢討，聰明的做法應該是去看心理治療師，可是在當時，離開似乎是唯一的選擇。一九八九年秋季開學之前，我在曼徹斯特租下一間小公寓，展開二十餘年來的第一次單身生活。

桃樂賽和我仍經常關心對方，也定期見面。她渴望生活能更安定，但這一點當時我卻無法提供，我們顯然漸行漸遠。一九九一年一月，我們離婚了。她想念家人，幾個月後就搬回賓州。之後不久，桃樂賽遇到一位成功的商人，他們最後結了婚，過得很幸福。

⌛

獨居的那幾年，我學會了彈鋼琴。欣賞古典音樂，向來可以安撫我的心靈。我在第一堂鋼琴課發現，樂譜上音符的形式跟流動，使我聯想到數學方程式。我的鋼琴老師駱德威小姐預料，我的背景對學琴會有助益，因為音樂的和聲法則是以數學為基礎的。

我很快就愛上彈琴，每個星期都要花很多時間練習。我終於體驗到熟練蕭邦E小調前奏曲的滿足感，這首憂鬱的鋼琴曲對我訴說渴求與失落，給予我抒發情緒的管道。彈琴成為我發洩感情的方法。勞累了一天之後回到家，讓手指在琴鍵上不斷揮舞，有時候會忘了吃飯，甚至懶得開燈。感謝大量音樂的灌注，漸漸的，我靈魂的缺口開始填平，我開始能一點一滴，重新享受生活，看望老朋友，結識新朋友。

過了四年單身的日子後，準備冒險的那一天來到了。我做每件事都循序漸進，先去上了一門叫做「尋求愛侶的五十種方法」的課程，之後再登一則單身廣告，標題是「愛冒險的天文物理學家尋求有趣的地球女性」。

雖然如此，我遇見黛博拉．麥當諾的方式仍然很老套，我們是透過教會的社交圈認識的。黛博拉是聰慧、心思細緻的女性，帶著兩個孩子。我一向希望有自己的子女，但事與願違，而只能求其次，最好是找到一個可愛而且支持我的伴侶，帶著現成的家庭進入我的生活。那時為非營利組織擔任州政府遊說者的黛博拉，與我在翌年（也就是一九九三年）結婚，我很高興成為十六歲的莎拉以及十三歲的安德魯，這兩個孩子的繼父。

黛博拉與她的子女無比親密，她也很樂意讓我參與其中。我們變成一家人之後，有一年的暑假很值得懷念，我們去拜訪位於新澤西州普林斯頓的梅瑟街一一二號的愛因斯坦故居。莎拉和安德魯知道，我在大學中的研究與愛因斯坦的想法有某種關聯，他們既興奮又驕傲。即使愛因斯坦的房子不對外開放參觀，我們四人依然站在門前的台階上合照。身為繼父，能有莎拉和安德魯這樣的好孩子，夫復何求。我很驕傲他們後來都當了教師。

一九九六年夏天的一個傍晚，黛博拉和我在家裡吃完披薩、正在看電影的時候，我突然感覺有一陣劇烈的壓力作用在胸口上，我設法放鬆自己，希望壓力會自行消失。但疼痛不見減輕，黛博拉便開車送我到曼徹斯特紀念醫院。

我運氣不錯，在醫院裡遇到一位老練的心臟科醫師，康納醫師，他從心電圖看出我的心臟有個大問題。於是，他再替我排一次血管造影檢查，診斷我得了所謂的「寡婦製造者」疾病，也就是通往心臟的冠狀動脈阻塞，而我的冠狀動脈已經有百分之九十五阻塞了。

康納醫師幫我做動脈血管手術，在冠狀動脈置入支架讓血液流通。雖然手術後，身體立刻覺得有如重生，我卻興起人生難逃一死這個念頭，而且縈繞不去，這種情形在心臟病人中很普遍。

我的母親二度成為寡婦之後，仍然住在奧爾托納的老房子，她提供我關於父親健康情形的詳細資料。我以前不知道，父親在世時，已經因心臟不好而服藥。母親也證實，父親時常難過與憂愁，擔心可能像自己的父親般早逝。我翻閱那些資料，看到他有每天抽兩包菸、糟蹋虛弱心臟的惡習，我不禁感到憤怒，難道他不知道吸菸會導致心臟病嗎？或者，那種觀念在一九五〇年代還沒有普及？

可是，我從來不吸菸，但五十歲心臟就出了問題，我是不是也注定會早逝呢？在時光旅行方面的研究一直沒有進展，我對自己深感失望，也更加重我對死亡的不安。無論我還有多久可活，我知道我沒有用不完的時間來實現夢想。

天意終於插手，讓我與密西根大學物理系的亞當斯教授相逢，我們在一九八八年肯塔基大學的一次學術會議中遇見，立即覺得相見恨晚。亞當斯與我是某晚在旅館酒吧喝啤酒認識的，他是世界知名的理論天文物理學家，主要研究恆星形成和宇宙學，專門處理宇宙存在的起源之類的大問題。

我們起先隨便聊聊研究和事業。亞當斯很好相處、親切友善而且笑口常開，我很快就把自己為何對時光旅行感興趣，我成為物理學家的個人動機等等故事全盤托出。我坦承，多年來刻意把此事埋藏心中，只向幾位至親好友提起，因為深恐這些事會置我的學術生涯於死地。亞當斯聽完後，懇切告訴我，現在有很多時光旅行的研究正在進行，他鼓勵我去「看看文獻」，他認為我應該回去追求自己的畢生目標，設計並製造能運作的時光機器。

事情的變化十分奇怪——在我低潮的時候，靈感又因這樣的機遇重新點燃。我離開肯塔基時下定決心，要竭盡全力從頭審閱與時光旅行有關的當前文獻及研究。此後的一年半期間，我看到這個領域中，別人已經下了那麼多的功夫，著實嚇了一跳，其中還有許多科學界鼎鼎大名的人物呢。

查閱文獻時，我看到一篇發表在一九七四年《物理評論》的論文，題目為〈旋轉柱面與總體因果違逆的可能性〉，作者為提普勒（目前任職於杜蘭大學）。提普勒分析愛因斯坦重力場方程式的一個解，這個解是由愛丁堡大學的物理學家范史托坎在一九三七年發表的。提普勒發現在一個無限長、帶有質量且快速旋轉的圓柱體外面的區域，含有封閉類時間線。猶如哥德爾的旋轉宇宙以及克爾的旋轉黑洞那樣，封閉類時間線的出現，指出旅行到過去的可能性。

我再進一步研讀，看到加州理工學院的物理學家索恩、與共同研究者摩里斯及尤瑟福一九八八年發表於《物理評論通訊》的論文，題目為〈蛀孔、時光機及弱能量條件〉。「蛀孔」這個名詞有悠久的歷史，可以回溯到一九三五年愛因斯坦與羅森的論文，裡頭說明他們自重力場方程式中找到一個解，讓我們的宇宙和另一個宇宙可能有隧道相通。這個隧道稱為「愛因斯坦—羅森橋」。一九五五年，惠勒也提出一種隧道，但不是連接兩個不同的宇宙，而是連接我們宇宙的不同地方，他把這個隧道取名為「蛀孔」。

蛀孔可以想成是宇宙中兩個地方之間的捷徑，基本上跨越了時間與空間。一條蛀孔至少有兩個開口，以一條喉道相連，若蛀孔是可以穿越的，物質便可以從一個開口通過喉道，來到另一開口。

蛀孔可以用一個小橡皮球來做示範。首先，在球面上標示一點A，然後在球對面的地方標示一點B。現在，自A點鑽孔直通到B點。這下子我們有兩個方法可以從A點到B點了：一是沿著球的表面走遠路，二是直接穿過球體走捷徑。蛀孔就像是鑽過A點與B點之間的隧道。同理，空間表面上不相連兩點之間的那條直達隧道，即是蛀孔。

理論上，蛀孔可以當作空間中一點到另一點的快速道路，否則，沿著正常空間的表面行進，會花太多時間。這就是薩根的科幻小說與同名電影「接觸未來」中，人類得以與外太空人接觸的立論基礎。這樣的旅行模式，就是薩根的朋友索恩出的點子。索恩是惠勒的學生，一九八八年索恩和其他人合作的論文中，展示了如何把蛀孔變成時光機器，這種時光機器是自然形成，而非人工打造的。如果蛀孔的一端做相對於另一端的加速度運動，便可以辦得到。

由於相對論性時間膨脹，導致加速中的蛀孔口相較於靜止的蛀孔口，流逝的時間比較少（「相對論性時間膨脹」是指，比起靜態的時鐘，以接近光速運動的時鐘，時間過得比較慢）；意思是說，如果一件物體進入加速中的蛀孔口，再從靜止的蛀孔口出來，出來的時間可能早於進入蛀孔口的時間。穿越蛀孔的路徑叫做「封閉類時曲線」，有這樣性質的蛀孔，可以想成是時間的孔洞。

我繼續搜尋文獻，又查到另一種回到過去的時光旅行，它的理論立足於我們宇宙的源起。一九九一年，普林斯頓的物理學家戈特在《物理評論通訊》發表一篇名為〈運動中的成對宇宙弦所產生的封閉類時曲線：精確解〉的論文。到了這個時候，物理界的每個人都已經知道「封閉類時曲線」即是「回到過去的時光旅行」的代碼。基本上，戈特的論文是關於宇宙弦時光機。

宇宙弦可以想像為，大霹靂所遺留下來、在宇宙結構上的斷層線。這種弦無限長、具有質量，可能存在於宇宙中的任何地方。戈特考量到兩條無限長的平行宇宙弦彼此接近，當兩條宇宙弦交錯時，將會產生時間的封閉迴圈，沿著這封閉迴圈，就能進行回到過去的時光旅行。

索恩、戈特與提普勒的這幾篇論文，讓我的心安定下來。這幾篇論文，都是物理學界極受重視的知名人物所想出來的時光機方法及工具，而且發表在備受推崇的科學期刊上。我受到激勵，重新開始努力，決定在事業生涯中頭一遭公然研究時光旅行。

然而，由於我還要教學，並且擔負一些學術上的其他責任，因此沒時間全力從事這項任務。但是不久後，情況意外的改變了。

⌛

康乃狄克大學物理系有一項令人滿意的風氣是，同仁之間關係融洽。在與教職員及學生相處時，我一向覺得輕鬆愉快。

麥克勞芬過去是我們系上的研究生，現在約四十多歲，任教於哈特福大學。我喜歡麥克勞芬，他是個大塊頭，常帶著笑容，嘴上留著濃鬍，像十九世紀末期的男士那樣。他不久前才結婚，顯然還在享受新婚之樂。一九九八年的聖誕節前不久，才在系裡我的辦公室外頭遇見他，我們聊了一會兒後，互祝聖誕節快樂。

兩個星期之後，我接到物理系行政助理的電話，她哭哭啼啼的告訴我，麥克勞芬因為心臟病突發去世了。我簡直無法相信，他兩星期前看起來還生氣勃勃、十分健康的樣子，如今就這樣走了。

父親突然過世的感覺，又在我心中翻攪。我突然恐慌起來，自己的心臟狀況使我不禁想到，我也可能心臟病突發而喪命。想著想著就來了，我立刻覺得一陣劇烈的胸痛。在跟心臟科醫師商量之後，我獲得系主任的同意，請了六個月的病假。

起先我像往常一般，憂心忡忡待在家裡，連鋼琴似乎都幫不上忙。我無時無刻不在憂慮，心臟快頂不住了，成天懷著快要死的念頭。然後有一天，我披著睡袍、穿著拖鞋，踱步走進書房，開始沈浸於自己學到的各種時光旅行理論中。就這樣一連幾個下午，我又一頭鑽進心愛的題材裡頭。我開始在計算簿上做計算，房子各處，包括床邊都放滿了計算紙。曾經壓著身體的壓力，先是鬆開它的控制力道，接著一下子都不見了。

如今，有幾個月的時間不用負擔學術責任，我發現自己有的是時間，可以集中精神研究回到過去的時光旅行。經過兩個月的專心閱讀後，我反而好奇起來，甚至開始懷疑：除了讀到的方法外，還有沒有其他的途徑可以產生新的時光機器概念？

我回溯基本原理。想知道時光機器會旅行到哪兒去，必須先知道時間的方向。在相對論裡，「光」是區分過去與未來的根本。當你點燃火柴，光立即向四面八方擴散。即使光的行進速度可以快到每秒將近三十萬公里，但是，讓光從火柴頭像漣漪般向外散播，仍然需要時間。光從火柴頭前進多遠，決定了時間的未來方向。

光自火柴頭的散播，可以用會隨時間逐漸擴張的圓圈來表示。當時間流轉，圓圈愈來愈大，我們在各個圓圈邊緣畫上連接線，可以畫出圓錐體，就像冰淇淋的甜筒。事實上，如果你把一條線穿過冰淇淋甜筒的尖端，前往未來的時間方向，即是自尖端至甜筒開口的方向。光的這種逐漸擴散的圓錐，叫做「光錐」，而光錐漸次加寬的方向，即是未來的方向。

狹義相對論中，空間與時間都是平坦的，意思是說，從過去到現在再到未來的時間線，是穿過光錐的直線。光錐的頂點代表此時此刻，譬如劃火柴的瞬間；時間線上從光錐頂點往逐漸開闊方向上的任一點，都代表未來的事件；而在光錐頂點之前的時間線上任一點，代表過去的事件。當一個人進入未來，他的光錐頂點（此時此刻）即向前移動，就像是冰淇淋甜筒順著穿過錐尖的直線移動。在我發展打造時光機的理論時，時時刻刻都要牢記時間的方向，這十分重要。

這一段期間，我也研讀加州理工學院物理學家托爾曼[25]在一九三四年出版的經典教科書《相對論、熱力學及宇宙學》。牛頓的重力定律認為，只有物質能夠產生重力場，例如，地球產生重力場，讓我們附著在地面上。但是托爾曼在課本中指出，愛因斯坦的廣義相對論的驚人之處在於，不僅是物體，連光都能成為重力場的來源。

托爾曼所想到的光的重力場，來自於他稱為直「細光筆」的東西。在托爾曼的時代，還無法製造出細光筆。所有自然光源所發出來的光都會散開來，即使是手電筒射出的光束也會散開。由於雷射可以產生極狹窄的光束，我猜想，現代的雷射技術有可能製造出托爾曼的「細光筆」。

我一方面推敲此事，另一方面思考哥德爾的旋轉宇宙、克爾的旋轉黑洞、范史托坎—提普勒的有質量旋轉柱面、索恩的蛀孔、以及戈特的宇宙弦是否有共同的特性。除了蛀孔之外，它們的共同因子似乎在於物質的相對旋轉上。於是，我可以歡呼「我找到了」的那一刻來臨了。

我在聯合科技公司研究雷射的時候，得知一種叫做環形雷射的儀器，能產生強力且連續循環的狹窄光束。我想這種連續循環的光束所產生的重力效應，可能跟旋轉物體產生的很類似。我早先對克爾旋轉黑洞所做的研究顯示，黑洞的旋轉物質造成黑洞周遭的空間受到拖曳，相當於蘋果在焦糖漿裡旋轉的情況。這樣的空間拖曳叫做坐標系拖曳，此外，快速旋轉的黑洞也導致時間封閉迴圈的形成。

當我更仔細研究旋轉黑洞的數學結構時，又注意到導致坐標系拖曳的旋轉黑洞的方程式，有一部分也現身於導致封閉類時間線的黑洞方程式中，這似乎說明了坐標系拖曳與時間的封閉迴圈有關。這一點很重要，如果我能證明在環形雷射中，循環光束所造成的重力場可以產生坐標系拖曳，那麼這暗示了，循環光束也可能導致封閉的類時迴圈。

要計算循環光束的重力場，我需要運用自己早先研究黑洞及宇宙學時，為了解愛因斯坦重力場方程式所發展的全部技巧。首先，我展開了為環形雷射光的重力場求解的歷程。

到了此時，我已全心投入這個問題，完全不顧健康。通常我在解決問題時都是如此，飲食與睡眠都不正常，時常工作到超過半夜。我不記得是否曾夢見那些方程式，像過去在類似情況下那樣，但我記得自己清醒的躺在床上，試圖想出如何計算方程式中某一個特殊的項。

我選用環形雷射的標準形式來做計算，這個架構是一個正方形，每一個角上都裝置一面鏡子。其中有一面鏡子是半透明鏡，其餘三面都是全反射鏡。雷射光束穿過半透明鏡進入正方形區域，然後經由正方形的每個角上的鏡子反射，最後回到原來的半透明鏡——從這面鏡子，光束再度反射到其餘的鏡子上。這樣一來，光藉由正方形每個角落的連續反射，產生了循環的光束。

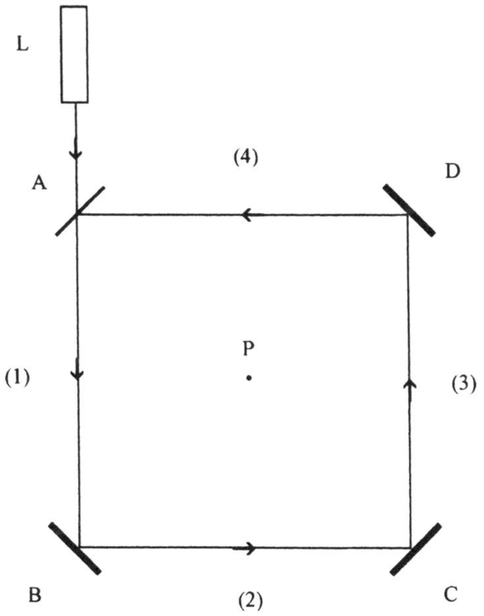

環形雷射示意圖

日復一日，我在書房裡不停的進行計算，在一本本的計算簿上振筆狂書，努力為雷射環的正方形內部區域所造成的重力場方程式求解。為了簡化計算，我先研究最弱重力場的情況，包括使用標準的近似法，去解弱重力場的愛因斯坦方程式。有時候，物理學家會使用「近似法」這種數學技巧，來以簡化方程式。如果對追求的結果影響極輕微的話，他們會略過方程式中多餘的項。舉例來說，考量一個方程式中有兩個數字：0.1與0.0001，因為第二個數字比第一個小很多，它就可省略，這就是一種近似法。

愛因斯坦的重力場方程式中，如果重力場夠小，為了簡化計算，也可能只保留方程式的最大項，其餘各項統統省略。於是，我首先把一個弱重力場的標準近似法應用到愛因斯坦方程式中，減少方程式的項數。然後在計算環形雷射的重力場時，我把形成循環的正方形分成四份。再使用稱為積分的數學求和技巧，把每一份裡面，由於雷射光的能量與流動所致的重力場算出來。最後把四份相加，便能找出環形雷射內任一點的總重力場。

為了研判重力場的效應，我在考慮，如果把一個電中性的物質放在環內自旋，情況會怎麼樣。這是指計算出一個自旋粒子的方程式，條件是在我求出的環形雷射的重力場中。

這種計算十分沈悶煩瑣，我不斷出錯，只好一再重新計算。在算出結果時，我常常聆聽華格納的歌劇大作「尼伯龍的指環」。華格納歌劇裡的神祕指環與英雄事蹟，增添了我不少靈感。

經過數星期的努力工作之後，我發現，環形雷射的光束所產生的重力場，至少從數學上，看來像一個旋渦，或者說像是扭曲的空間，和浴缸排水口的旋渦很像。這樣的空間扭曲，源自一個次原子粒子，例如中子，置放在雷射環中央時周圍所發生的拖曳。我的計算證明，循環光束的重力場，實際上能產生一種與旋轉物質相關的重要效應：坐標系拖曳。

我核對過自己的計算，正確無誤。

我的解證明了某種革命性的嶄新想法。雖然早在一九一八年已經有人預測，大質量旋轉物體，好比地球的重力場，會造成坐標系拖曳的效應；可是在我之前，還沒有人證明，因循環光束而起的重力坐標系拖曳。

坐標系拖曳的出現，意義重大，因為這跟黑洞造成封閉類時迴圈有關。我們合理預期，循環光束引起的坐標系拖曳，也跟時間上的封閉迴圈有關。我知道，那將是我的下一項研究的方向。

我急於向同行展示自己最新的科學預測，於是我把結果寫好，送到《物理通訊A》期刊。我必須把原本約占一百頁的計算壓縮成四頁，以便刊出。在科學論文裡，作者只會寫出起頭的方程式、計算的大概、以及最終的結果，從不展示全部的計算細節，因為那會占據太多篇幅。

二〇〇〇年四月（我已於前一個秋季回來教書，不再感覺胸痛或其他的不適），我收到《物理通訊A》的通知，表示已經接受我的投稿，不久後將會發表。我知道，那表示有一位這個領域的匿名專家，已經審核過我的方程式，沒有找到錯誤。（假使發現錯誤，論文還會送給另一位專家審查，如果這位專家也發現錯誤，那就會退稿。）

同一年的五月八日，我的論文〈電磁輻射的弱重力場與環形雷射〉印行問世。論文一旦發表，便會得到整個物理界的批閱，直到今天，同行的物理學家還沒有人指出我的數學或科學上有誤。這項研究代表我在時光旅行研究上的第一項突破。雖然在刊出的論文中，並未提到「時光旅行」一詞，但是這項研究卻是踏腳石，讓我可以發展出理論和設計，用循環光束來打造時光機。

我畢生的夢想，似乎快要實現了。
然而，事情還沒有完呢。

第十二章　科技的甜美

我的系主任史托瓦利說，他認為我的新研究將成為愛因斯坦廣義相對論的一種「新穎的測試」。系裡的另一位同仁史密斯，也以一位物理學家所能給予另一位物理學家的最高讚譽，稱讚我發表的那篇論文為「第一流」的文章。

然而，史托瓦利和史密斯都想知道空間扭曲效應的強度；特別是，在什麼情況下，這種效應的強度會達到足以量測到的程度？我的解釋是，由於方程式顯示，效應強度主要依賴雷射能量及環形雷射的面積而定，我正在研究以不同的組態來使效應的強度極大化。

二〇〇一年二月，我接到密西根大學物理系亞當斯教授的電話，他想知道，自從三年前我們在肯塔基旅館的酒吧喝啤酒聊過後，我有了些什麼進展。我向亞當斯教授簡報我的研究，並且告訴他我在《物理通訊A》上發表的論文。他表示希望我在他任教的物理系論壇中，談談我在這方面的工作。當初幸虧有他，把我往正確的方向推了一下，所以我立刻答應了，絲毫沒有考慮到會有什麼後果。

我們接著討論我所要演講的題目。由於我生性保守，因此提出了較不驚人的題目：「循環光束的重力」。

「你已經把這項研究應用到時光旅行上，」亞當斯說：「就讓我們把時光旅行放進題目裡吧。」

我表示這項工作才剛完成第一部分，我證明了循環光束會導致空間的扭曲，而現在才要繼續研究它是否也會導致時間的扭曲，「那是時光旅行回到過去的必要條件，但我尚未完成對於第二部分的計算。」

「那不要緊，」亞當斯說：「你可以說明你的研究仍在進行中。我們何不將題目訂為『循環光束的重力：時光旅行的可能途徑』？」他解釋，這樣的題目會「活潑」點，可以「吸引更多的注意」。

「好吧。」我說，畢竟那是他們系上的論壇嘛。

結果，這個題目引來的關注，是我們兩人從未料想到的。

⌛

美國密西根大學安亞伯分校的物理系，是國際知名的系所。從一九二八年到一九四一年間，這裡是著名的理論物理夏季論壇舉行的地點。夏季論壇為安亞伯帶來了許多大人物，包括：為量子力學建立了完整的理論表述而聞名於世的狄拉克教授；因為誘發放射性的貢獻而獲得一九三八年諾貝爾物理獎，並且研發出世界上第一座核反應爐的費米（學術界公認費米是二十世紀當中，唯一能同時精於理論物理和實驗物理的學者）；還有在波蘭出生，後來成為放射性同位素研究先驅的美國化學家法揚斯，以及其他許多著名的科學家，包括鮑立、海森堡、波耳，和歐本海默等人。

發現質子自旋現象的物理學家丹尼森，他全部的學術生涯都在密西根大學度過。全世界第一台氣泡室（利用次原子粒子在裝有液態氫的密閉容器內穿越時，形成的一連串氣泡軌跡，來偵測該粒子的儀器），是由葛拉瑟[26]在密西根大學發展出來的；葛拉瑟也因此而獲頒一九六〇年諾貝爾物理獎。

密西根大學傑出校友之一的丁肇中，在密大獲得博士學位，因「進行了發現新型的重基本粒子的先驅研究」，而贏得一九七六年諾貝爾物理獎（與里希特共享）。

由於密西根大學物理系的高知名度，他們主辦的活動及發布的消息向來受全國、甚至國際媒體的關注。在二月的一個下午，距離我計畫現身安亞伯的日期還有兩個月，我接到從倫敦打來的電話，來電的是物理學家布魯克斯，他是《新科學家》雜誌的編輯，《新科學家》相當於國際版《科學美國人》。布魯克斯想要多知道關於我將在密西根大學演講的資料。經過許多次電話長談之後，他決定要寫一篇特稿報導我的研究，在我去密西根演講後刊出。

與此同時，我設法在能兼顧教學責任的情況下，擠出更多時間，回歸自己的研究。傳統上，多數的科學突破是由負有教學責任的教授在大學裡完成的；唯一的例外是普林斯頓高等研究院（成員包括愛因斯坦、哥德爾等等），這所研究院是純粹為了理論研究而設立的。

我求出了循環光束的重力效應的部分解之後，轉而研究經由時間的封閉迴圈可能產生的時光旅行。我若要解出理論的後半部，得要試試強重力場才行。

在計算愛因斯坦重力場方程式應用於環形雷射的弱重力場時，我使用了標準的近似法；但是如果要尋找從循環光束產生的時間封閉迴圈，就無法再求助於近似法了。要求出這個問題的完整解，需要找到愛因斯坦重力場方程式的所謂「精確解」，這個精確解可是出了名的難找。我希望能把問題略為簡化，於是考慮用兩束朝相反方向前進的雷射模式，這個方法讓我得到一個暫定解。縱然我對於放下原本的環形雷射模型（只用一束雷射光朝向單一方向循環前進），感到十分的不安，但我仍然決定，要試試這兩束反方向前進的雷射模型，看看這個模型可以把我帶往何處。[27]

二〇〇一年四月我飛到安亞伯，那是個居民略多於十萬人的城市，另外還有四萬名學生。我住進靠近學校的舒適旅館裡。第二天早晨，我的邀請人亞當斯來接我到演講廳，這就是我要初次公開發表新研究的地方了。

我們到達時，演講廳裡已經有大約五十人在座。我從參加別的論壇得來的經驗知道，他們絕大多數是物理系的研究生和教授，當然也可能是來自固態物理、奈米科技，或是原子與分子物理等各領域。我很清楚，在這樣的場合裡論述主題時，最好採取中庸之道：不能太過著重於技術層面，然而要比向一般大眾進行的演說，多一點科學內涵。

亞當斯做了簡短的引言後，將我介紹給聽眾。

我在一旁等待，深吸了幾口氣來鎮定自己。我明白自己將要從那隱蔽多年的幽室裡走出來，門一旦打開，我就再也不能回頭了。

因為聽眾主要是其他領域的物理學家，所以我先簡述愛因斯坦的狹義及廣義相對論。我提醒在座聽眾，在狹義相對論中，愛因斯坦揭示了運動中的時鐘，時間會緩慢下來；除此之外，（部分的）廣義相對論也指出了，在重力場中同樣有時間減緩的現象產生。28

在廣義相對論中，重力是由像太陽那樣的重物扭曲空間所造成的，地球及其他循著軌道繞行的行星，都受到了太陽造成的彎曲空間的牽引。我也對聽眾說明，在愛因斯坦的理論中，即使是沒有質量的光，也可以使空間彎曲；因為光具有能量，而能量會使空間彎曲。既然光可以扭曲空間，就表示光也能夠產生重力場。我向聽眾解釋，我的發現關鍵就在這個光的重力場效應。

接著，我描述環形雷射的循環光束如何造成空間的扭曲。我用了我最愛的比喻——咖啡中的茶匙，來為聽眾說明。我請大家想像：杯子裡的咖啡就像是空無一物的空間，而茶匙則是循環光束；如果用茶匙攪動咖啡，就可以看到咖啡隨之旋轉。循環光束其實正是以這樣的方式，造成虛無空間的攪動。如果你放一塊方糖到咖啡中，當咖啡受到茶匙的攪動，你就能看到方糖在旋轉。同樣的，如果你把一個自旋的次原子粒子，例如中子，放進有循環光束圍繞的空間裡，你會看到中子像咖啡裡的方糖一樣，旋轉個不停。

接下來，我說明在愛因斯坦的廣義相對論中，空間與時間是相連通的，如果空間遭扭曲，時間也會跟著扭曲。我也說明了我正在下功夫，解愛因斯坦的重力場方程式，希望能證明兩束反方向行進的循環光束，能夠讓時間扭成一個迴圈，這樣一來便可以往回到過去的時光旅行前進。

「然而，」我說：「這項工程尚未完成。」

我的演講結束後，聽眾的反應客氣而謹慎，我不確定為何會如此。只有少數人發問，而且沒有人對演講內容中的物理或數學理論表示任何異議。

⌛

回到家之後，我接到布魯克斯的電話，他想知道我的演講進行得如何。我簡單講了大概，並建議他跟亞當斯談談。過沒多久，我接到布魯克斯的電子郵件，他告訴我《新科學家》決定以我的時光機器研究，當作封面故事。

二〇〇一年五月十九日，最新一期的《新科學家》出現在書報攤前，封面標題是〈時光倒流：為您介紹世界上第一部時光機器〉，內頁文章的開頭寫著：「馬雷特認為他找到了製造時光機器的實際途徑。馬雷特不是瘋子，已知的物理定律也並不禁止時光旅行……」這篇封面故事將我的研究做了通盤的介紹，其中也包含了亞當斯教授對我在密西根大學演講所下的評論：「聽眾的反應謹慎且存疑，但是也沒人指出立論中有漏洞，馬雷特得到的解或許有用。」

那天晚上，當我打開電腦查看電子郵件時，讓幾十封來信給嚇了一跳，寄件者我都不認識，但顯然他們從康乃狄克大學的網站查出我的郵件地址。他們問了許多有關我的時光旅行研究，我花了好幾個小時才一一答覆完畢。翌日，又來了幾十封信。從此我才明白，原來有那麼多人對時光旅行感興趣。

同一星期裡，我又收到來自鮑伊的消息。鮑伊是英國的紀錄片導演，他是布魯克斯的朋友及鄰居。鮑伊說他看過《新科學家》的那篇報導後，認為我的研究工作可以拍成一部很好的紀錄片，他要飛來美國與我見面。於是，我們就安排好在下星期會面。我從來不曾夢想過，我的工作竟然能成為紀錄片的題材。我很期待與這位導演相會，然而一轉眼我又開始憂心忡忡。

布魯克斯不知道我是黑人，所以《新科學家》的文章裡也沒有提到我的種族。我曉得鮑伊也不會知道我是黑人，因為我跟他在電話中的交談，並不會洩漏我的血統和膚色。

事實上，曾經有一位非裔美人牧師對我說，他從電話裡聽不出我的「黑人口音」。我在白人社會中成長的經驗告訴我，無論我爬得多高，但只因為我是黑人，對某些人而言，我的地位永遠都不夠高。我很擔心鮑伊見到我時，會故意找碴來中止拍片計畫。

結果證明，我的擔憂根本是多餘的。鮑伊與我相談甚歡，沒有半點猶豫，他對我的工作很感興趣，對我的膚色則絲毫不在意。言談間，我發現鮑伊相信我的理論是可靠的，有可能真正發展出一部可以運作的時光機器。

我的研究是以愛因斯坦的廣義相對論為基礎，在鮑伊看來這十分重要。鮑伊覺得，如果我們以討論愛因斯坦的廣義相對論及狹義相對論為題，可以製作出很好的紀錄片，同時再加上我所研究的時光機器，將能夠帶出影片的高潮。

我們很有效率的著手按照計畫進行，完成的影片名稱為「世界上第一部時光機器」。這部製作精良的科學紀錄片於二〇〇三年在Discovery的「學習頻道」首播，同時也在英國的BBC電視台播出。這部影片使用最新的動畫技術，與真實影像穿插進行，內容涵蓋了愛因斯坦的廣義及狹義相對論、量子力學，以及我自己的時光機器研究。

現在，我常常都會接到來自各報章雜誌的電話。多年來，我因為害怕被貼上「瘋狂教授」的標籤，一直刻意將我對時光旅行的興趣保持低調。如今，我的研究那麼快就變得眾所周知，讓我不免慌張了起來。我很驚訝，竟然連搖滾樂的評鑑雜誌《滾石》也報導了這則新聞。在二〇〇一年八月號的《滾石》雜誌裡，他們以〈熱門理論：時光旅行〉這篇文章介紹我的研究。

媒體剛開始發現時光旅行這個題材時，曾有一位記者在訪問中對我挑釁。我還記得，他把我跟電影「回到未來」中的瘋狂教授布朗博士做比較，布朗教授在電影裡發明了「通量電容器」，達成了回到過去的實驗。這激怒了我，於是對他說：「聽著，我不是神經病，這個也不是馬雷特的物質理論，而是愛因斯坦的相對論。我並沒有從任何已知的物理定律中斷章取義。」

如果還有任何疑慮，我要鄭重說明：我的理論、我的事業，甚至是我的聲譽，全都建立在愛因斯坦所築成的基礎上。

《華爾街日報》的一位記者來採訪我，之後寫成了一篇長篇報導，提到「物理學家正在探討，我們要如何才能進行時光旅行」。在這篇報導中，我說明我一直以來對時光旅行感興趣，但為何始終得保持靜默，多年來都不曾從那「時光旅行的隱蔽幽室中走出來」。那位記者在後面加注寫道：「那隱蔽的幽室很快就要空蕩蕩了……」

該怎麼變空蕩呢？

《波士頓環球報》接著刊出一篇社論，標題為〈時間不斷重來〉，以下節錄其中的一部分：

對許多人而言，時間是連續的，昨天、今天、接著就是明天。因為時鐘是這麼說的，收音機裡的播報員也是這麼說的，就連總統候選人似乎也是這麼說的。

時光似乎會飛奔、也會遲滯，但這些狀態取決於我們的心態，而不是真的把我們習以為常的每星期七天，每天二十四小時重新更動。但是，如果時間能夠像黏土那樣隨我們調整塑型，而時光機器又像飛機一樣普遍，那將會如何？如果我們跳進時光機器就能飛越時空，那又會如何？

康乃狄克大學的物理教授馬雷特，為大家準備了這席科幻饗宴，這就是為什麼在最近的某個星期五夜晚，有兩百多人甘願忍受繁忙的交通、拖著疲憊的身體、帶著既懷疑又好奇的心，擠進科學博物館的演講廳，只為聆聽一位大膽得可以，或者瘋狂得可以的人，提出時光旅行在這個世紀即將誕生的可能性。

就在這篇社論登出後不久，波士頓的一家電視台與我接洽，說想要製作關於這則故事的節目。他們也打電話給麻省理工學院的谷史教授，向他請教關於我的研究。我收到谷史的電子郵件，他建議我們聚一聚，討論我那進行中的研究。在一個炎熱潮濕的八月天，我抵達波士頓與谷史會面。我對這樣的奔波習以為常，也總是覺得十分愉快。

我從前拜訪過谷史幾回，他一如往昔，依然是友善的傾聽者，而且也立刻就掌握住我在《物理通訊A》的論文中，闡述環形雷射的重力研究的基本概念。谷史說，從已發表的理論中，他看不出什麼大問題。然而，當我在他的辦公室裡，談到我進行中的第二部分工作，也就是探討用兩束反方向行進的循環光束是否可能造成時間封閉迴圈時，他阻止我繼續談下去。

谷史認為，如果我的這一部分理論是基於我在《物理通訊A》所描述的環形雷射模型，他可以理解為什麼有可能產生時間迴圈，因為在那篇論文中，我的光束只有單一方向的循環。但是他不認為兩束相反方向的循環光束有可行性，他的睿智洞見給了我一記當頭棒喝。

我最近的研究剛開始時，谷史現在提到的疑慮，曾深深困擾著我。因為，用兩束朝反方向行進的循環光束，很可能使坐標系拖曳效應互相抵消。對於旋轉的黑洞之類的物體，坐標系拖曳效應與時間封閉迴圈似乎緊密相連。谷史的評論把我拉回到我最初的顧慮。

看來，我必須正面迎戰單一方向循環光束的強重力場計算問題。我謝過谷史，知道自己還有更多事情要做，懷著千頭萬緒的心情離開了波士頓。

我費盡心思，想找出最合適的模型，來計算只有單一方向循環光束的強重力場；在這樣的前提之下，我得思考如何引進光束。我想到的一個方法是利用光纖，基本上光纖是光的導管，就像是水管可以導引水流那樣，光纖可以用來導引光。由於光纖能夠容許龐大的資訊流量，它的用途非常廣泛，最常見的應用是通訊科技。

這些光纖彷彿是為了我的需求而量身訂做似的，我看得出來，如果我想要增強單一循環光束的效應，可以將光纖以螺旋狀纏繞在一根空心圓柱上，製造一個圓柱面循環光束。我認為用這樣的裝置，我開始要找到能對付的模型了。

學術界的同仁、還有學生們對我的研究，興趣逐漸增加，有人建議我，乾脆在任教的大學舉辦物理論壇，發表我近來的研究工作。於是我在康乃狄克大學對大約一百五十位師生演講，內容與我在密西根大學發表的大同小異，唯一的不同在於：我概略說明為了造成時間的封閉迴圈，我需要使用單一方向的循環光束，並計算產生的強重力場。

聽眾似乎頗能接受我的論點，系上同仁以及前任系主任巴創教授，也都提供了有助益的建言。我深刻體會到，當科學家把正在進行中的研究做這樣的公開發表，能得到德高望重的同仁的回饋，是很大鼓勵。

在我的環形雷射造成弱重力場的研究中，我關注的是一個像小陀螺般自旋的中子，置放在雷射環中心的情形。巴創教授（他是理論固態物理學家）建議我可以考慮採用中子束。巴創認為，如果把中子束射入圓柱面循環光束形成的較強重力場中，整串中子束將會沿著圓柱面循環光束而旋轉前進，而我則可能得到整束中子旋轉所形成的強力坐標系拖曳效應。

我覺得等到研究進入實驗階段時，可以找機會試試巴創教授的建議。跟化學、生物學等其他科學領域不同的是，物理學在理論與實驗之間，有很明顯的基本差異。理論物理學家利用數學關係來解釋理論，實驗物理學家為了測試理論，必須裝置任何必要的設備，並且實際進行測量。

實驗物理學家要能成功，必須有能力設計精密的儀器，並且有精確測量的本領；理論物理學家在使用數學方法解釋自然現象上，必須要很熟練。傳統上，這兩種角色間存在著必然的緊張關係。假如理論物理學家相信，他的方程式或論點是正確的，他不會只因某個實驗產生的負面結果不利於他的觀點，就窮緊張。而在實驗物理學家的世界裡，負面的結果可能與正面的結果同樣有價值。

對自然界的物理行為進行預測，可以先透過實驗與觀察，也可以先提出這項物理行為的理論。在真實的物理世界中，這兩種方式大致上同樣有效。

實驗物理學家雷納德[29]發現光電效應的例子，就屬於前者。雷納德觀測到，改變照射到金屬表面的光線顏色，就能夠改變從該表面逸出的電子的速度。愛因斯坦後來提出一套理論及方程式，指出如何增加光的頻率（也就是改變光的顏色），使逸出的電子有較多的動能（即速度）。愛因斯坦後來因為這項成就，贏得了諾貝爾獎。

愛因斯坦導出的知名 $E = mc^2$ 公式，就是理論走在實驗之前的例子。愛因斯坦推測出，只要釋出一點點質量（m），就可以提供大量的能量（E）。愛因斯坦從未用實驗證明他的理論，事實上，雖然大部分的理論物理學家都有興趣讓他們的理論得到證實，但愛因斯坦卻不然，他對驗證他的理論的實驗，毫不關心。（而且，由於愛因斯坦具有德國公民的身分，他也不可能獲准參加驗證 $E = mc^2$ 公式的著名實驗：曼哈坦計畫。）

身為理論物理學者，我很早就知道自己沒有做實驗的天分，然而時光機器對我太重要了，我不能坐等實驗物理學家決定何時對我的理論有興趣。因此，我對相關的實驗計畫相當積極且密切參與。我知道，為了充分測試我的理論，我需要具備特殊科學技能的實驗物理學家來協助。

我終於在一位創新的實驗物理學家身上，找到了我所需要且夠水準的助力，而且他就在離我家不遠的地方。汕德拉．羅壽赫里是康大物理系的研究教授，他主持一個私人捐贈的研究所，就在距離主校區好幾公里外的茂密樹林深處。

汕德拉在印度出生，也在印度受教育，他從加爾各答的加達夫普大學畢業後才來美國，於一九七三年在紐約州羅徹斯特大學的光學研究所獲得了博士學位。他曾經聽過我在康大論壇的演講，之後他來拜訪我，對我理論中的「潛在的對稱」提出意見。汕德拉十分熟悉由愛因斯坦廣義相對論引伸的預測，這預測說：物質對光有重力效應。天文物理學家艾丁頓在他一九一九年的著名觀測中發現，太陽的重力場彎折了遙遠的星光，證實了愛因斯坦提出的這項重力效應。

汕德拉是「光子學」專家，他精於這種極有意思的新領域。他告訴我，他很喜歡光對於物質也有重力效應的觀念。光子學之於光，就如同電子學之於電子；電子學掌控了電子流動，光子學也掌控了光子的流動。光子學的學理和應用通常是以雷射光為基礎的。[30]

汕德拉認為我的理論替光與物質的反應，開闢了一片新疆土，當然也應該以實驗證實，因此他建議我們合作。我深知汕德拉的背景是光子學，尤其專精雷射，這使他成為測試我的理論的理想工作夥伴。我滿心歡喜，接受了他的提議。

汕德拉的身材中等，時常帶著和藹的笑容，有非常好的幽默感，並且喜歡進行長長的哲學討論。他的研究所的位置，原本是學校的自助餐廳；整棟建築物都漆成制式的綠色。在那開闊的空間裡，排列著十二張左右的光學工作檯，工作檯上進行著各種不同的雷射實驗，都是私人企業委託的實驗。汕德拉以高功率雷射二極體研究而著名，那是能產生一百瓦的尖峰功率的微量雷射（約〇・〇一五公分厚，寬度大約只有頭髮直徑的六倍）。

汕德拉與我會進行定期的工作會議，我們認為或許可以考慮用光子晶體來代替光纖，導引光束形成圓柱面循環光束。光子晶體的研究是在一九八七年，由傑伯諾維契與約翰這兩位科學家的實驗開展的。傑伯諾維契在新澤西州的貝爾實驗室工作，約翰任教於加拿大的多倫多大學。

蛋白石就是天然的光子晶體，蛋白石的彩虹般眩麗色澤，是光線通過寶石的晶體結構而形成的。我在瞭解了光纖與光子晶體都可以產生圓柱面循環光束後，立刻決定用圓柱面循環光束當成我的理論計算基礎。

由於愛因斯坦的重力場方程式可以寫成簡單的一行，使人誤以為計算起來不會太困難，然而當去除高度壓縮的張量微積分記號後，會湧現出十個極端複雜的方程式。為了計算，我回溯過去的經驗，我曾為暴脹宇宙中一個蒸發黑洞的愛因斯坦強重力場方程式，尋求精確解。在那次計算裡，我必須合併兩個愛因斯坦方程式的解，成為一個新解。我將韋締亞黑洞解，合併到德西特宇宙解，以產生一個韋締亞—德西特解。有了那一次經驗，我知道這樣的技巧對於處理目前的問題會很有幫助。

我決定放棄嘗試建立光纖或者光子晶體的數學模式；為了廣義化並且維持光束的圓柱面路徑，我選擇用幾何拘束的方式來取代。我所用的幾何拘束是一個靜態（不移動）的線光源，光線本來就會直線前進，在我的計算中，採用線光源的唯一目的，就是要靠它把循環光束局限在圓柱面上。光束本身可以看做是沒有質量的流體，沿著圓柱面以單一方向行進。這樣一來，這個解才真正可以由兩個解組合而成：一個是循環光束的解，另一個則是靜態線光源的解。

⧗

二〇〇二年的三月，在我仍埋首於重力場方程式的求解時，我接到「國際相對論性動力學學會」的電話，邀請我在華府舉行的六月會議中發表演說，內容是關於我的研究，因此準備的時間不到三個月。這場會議由霍華德大學主辦，將有來自全世界的相對論專家與會。

我非常興奮，立即接受邀請，這將是我第一次向我自己領域裡的專家，公開我的研究。因為我的計算尚未完成，這天上掉下來的機會讓我既興奮、又擔心。現在我有了完成期限，壓力也隨之而來。

事實上，一個完整的愛因斯坦重力場方程式，是高度非線性的微分方程，這使得我更難以用圓柱面循環光束產生的強重力場為基礎，去解愛因斯坦的重力場方程式。在線性的微分方程中，有許多標準的解方程技巧可以利用，但非線性的微分方程卻不同，每一個都必須個別考量。在線性方程式中，我們知道2＋2＝4；但是對非線性方程式而言，有可能發生2加2不等於4的情形，也就是說，沒有任何事情會是理所當然的。

有許多人已經找出愛因斯坦重力場方程式的很多精確解來了，然而其中大多數的精確解並不具有物理意義；換句話說，那些方程式所考量的重力場來源並不可辨識。少數幾個具有可辨識重力場來源的精確解，包括：考量非旋轉的圓球型重物外面的重力場的史瓦西解；以及考量旋轉的圓球型重物外面的重力場的克爾解；還有考量擴張宇宙的德西特解。

我不靠電腦，不停動手計算圓柱面循環光束內外區域的十個非線性微分方程式。我利用所有可能的時間，去解這些極為耗時費力的方程式，時常一天工作十二到十五個小時。有時候我幾乎通宵工作，睡了一、兩個小時，便拖著疲憊的身體去授課。我一生中從未如此努力過，雖然這工作讓人筋疲力竭，但也讓我的心靈無比充實。

兩個月之後，我終於得到了重力場方程式的一個精確解。我滿懷期待，開始分析解式中與時間相關的性質。沒費多少功夫我立即注意到，解式中有一個項，在圓柱面循環光束的外圍空間，通常看起來像是環形。等到我將數字代進去之後，圓柱面循環光束所產生的坐標系拖曳效應便有了足夠的強度，使得「空間的環圈轉變為時間的環圈」。這意思是，在圓柱面循環光束的外側，有一個時間的封閉迴圈，它將使得回到過去的時光旅行得以實現。

「時間的封閉迴圈……」

我放下鉛筆，揉了揉太陽穴。

桌上的時鐘顯示出，已經清晨三點多了。

現在，我終於有了完整理論，可以進行回到過去的時光旅行了。

我熄滅電燈，安心就寢。

當飛機在二〇〇二年六月二十五日朝向華府的雷根國際機場緩緩下降之際，我從乘客的舷窗向外眺望我們的首都。儘管有點焦慮，但我相信我已經準備好，要在國際相對論性動力學學會的雙年度會議中，發表我的工作成果。

進入機場航廈之後，我走過有屋頂的天橋來到地鐵站，轉搭綠線地鐵後，在霍華德大學—紹街站下車。出了地鐵站後朝北，再走過六個街口就是霍華德大學的主校區。這彷彿是個奇異的巧合，但也美妙得恰如其分——這個每兩年在世界各地集會的國際學術團體（前一屆是在以色列的特拉維夫大學），今年選在霍華德大學集會。

南北戰爭結束後不久，霍華德大學就建立了美好傳統：為非洲裔美國人提供優良的教育機會。二〇〇二這一年——屬於我的這年、在我的地盤上，我將要面對多位世界上最受尊崇的物理學家，報告我全部的研究工作以及我畢生的志願。我將會是三位與會的非洲裔美國人之一；其中一位是基爾，他是霍華德大學的教授。

走進演講廳，我抬頭看著從講壇開始漸次上升的階梯座位，座中有我那領域裡名字最響亮、頭腦也最聰明的人物等著我。我說了笑話，表示我的投影片不會超過六十張（實際上我用了二十六張），緩一口氣之後開始說明，我的理論是結結實實奠基於愛因斯坦的廣義相對論上。

我從頭到尾詳述一遍，如何在圓柱面循環光束產生的重力場中，形成時間的封閉迴圈。利用投影在大銀幕上的方程式，我指出了導致空間的坐標系拖曳效應的那一項，而那正是產生時間的封閉迴圈所需的同一項。「循環光束造成了空間的旋渦，而空間的旋渦產生時間的旋渦，終於形成了時間的封閉迴圈。」

我在演說中，將各種圖示、方程式，以及最後解式一一投影在銀幕上，目的在向大家展現，時間與空間已經可以用全新的方法來操縱，而這個方法將可能實現回到過去的時光旅行。

最後的一張投影片，我呈現給大家很不一樣的東西。那是很久以前，我們全家在布朗士公園拍攝的照片。照片裡，我那英俊的父親一臉笑意，抱著我的弟弟傑森，我則站在我美麗的母親膝前。當時我最小的弟弟基斯尚未出生。

下結論時，我把我之所以對時光旅行如此感興趣的初衷，向這群聽眾表白。我告訴大家，自己如何在父親去世後，受到威爾斯的書所激勵，決心有朝一日一定要製造一部真正的時光機器。

「我做的每一件事情，包括研習數學和科學、上大學、成為物理學家，一切的動機都是為了要再見到我的父親。」

演說完畢。

聽眾沉默了，他們沉默的時間太長了一些，超出我所能忍受的程度，我不太知道該怎麼處理。（如今回想起來，當時的聽眾一定是讓我嚇到了，我這麼突如其來，將演說話題轉到我個人的境遇，在科學集會中很少發生。）

一會兒之後，掌聲如雷響起。

接著如我所預期的，有人提出一些頗有深度的問題。其中一個問題是：在什麼樣的情況下，可以實際觀測到坐標系拖曳效應？我的答覆是，我的實驗夥伴汕德拉正在研究一些實用的設計，我們試圖利用中子束實驗來測試重力場的坐標系拖曳效應。

等到發問都結束之後，狄維特，這位一代物理學家、量子重力理論的共同奠基者，終於站了起來。

我的藏書中，仍存有一本狄維特所寫的《相對論、群論及拓樸學》，已經翻到破破爛爛了。多年前，這本書幫助我扎下深厚的數理根基，讓我得以完成博士論文。我對狄維特的出席既殷切盼望，又深感惶恐。

我屏息以待，完全停止了呼吸。

「我不知道你是否能再見到你的父親，」狄維特說，他揚起眉毛，熱切的注視著我，「可是我知道，他肯定會為你感到驕傲。」

狄維特的評語深深衝擊了我，那不止是因為這些話出自於我所敬重的長者之口。我向來過分專注在細察各類方程式，根本沒時間拓展其他視野。我畢生渴求的知識、我接受科學教育的過程、我的大學教學生涯，都是如此。是的，我父親必定會瞭解那不斷鞭策我超越自己的力量，而且他會以我為傲。因為實際上，他就是那股力量，他在我們短暫共同生活的時光裡，給了我這股力量，他是帶我走上這條路的人！這一點，我了然於心，不需要在計算紙上演算求解。

多年來，我第一次感覺到滿足。

⌛

我的時光旅行理論的下半部，在二〇〇三年九月發表於《物理學基礎》期刊，題目為〈循環光束的重力場〉。我在論文中說明，以圓柱面循環光束產生的重力場為對象，求得的愛因斯坦重力場方程式的最新精確解，並且證明該重力場將形成時間的封閉迴圈。

演說後狄維特給的另一個評語，我後來發現是真的。我的研究結果指出，當我把光流關掉，雖然供應光流循環的線光源依然在那裡，但時間的封閉迴圈會消失。很顯然的，時間的封閉迴圈是因循環流動的光而產生的，與不動的線光源沒有關連。如果將理論實際應用於時光機器的設計，循環光流必定是時光機器的開關。按照這樣的結論，如果要製造時間的封閉迴圈，循環光流的光源必須永遠開啟。

只有循環光流持續不斷，時間的封閉迴圈才能繼續出現。這些時間的封閉迴圈會重重相疊，連成螺旋迴圈，看起來會很像小孩常玩的「彈簧圈」。就算是地球在太空中運行，螺旋形的時間封閉迴圈也會調整到新的定位。如果循環光流的光源一整年都接上，那麼從現在起的一年之內，將可能有人能沿這道螺旋形的時間封閉迴圈繞回來，最早可以到達一年之前，循環光流時光機器啟動的那一刻。

當更多對於時光機器的設計與操作的理解一一浮現，突然間我恍然大悟：我的時光機器只能將時光旅行者帶回到機器啟動的那一刻，早一秒鐘都不行！

為什麼我不能早一點發現呢？我不知道，或許這又是因為我過於近觀問題，以致於對大局失焦了吧。我終於明白，當第一部能載人的時光機器真正出現時，我們的後代將可能搭乘時光機器來拜訪我們；然而，我們將永遠不可能重返過去，拜訪我們的祖先！

二〇〇〇年有一部與時光旅行有關的電影「黑洞頻率」，上映時我已經看過一遍，出了影音光碟之後我又立刻買來，再看一遍、又一遍。「黑洞頻率」是對我的人生衝擊最大的電影，它對我的影響僅次於《時光機器》這本書，這兩者同樣都觸及了我所有夢想的最根本所在。只是，我的人生與「黑洞頻率」並不相同。

「黑洞頻率」描述的是一位名叫約翰．沙勒文的警察的故事，他在片中跨越了時空，與他已逝的救火員父親法蘭克對話（法蘭克由丹尼斯．奎德飾演）。約翰的父親在三十年前的救火任務中喪命。有天晚上，太陽閃焰異常的強烈，約翰打開父親生前用的老舊火腿族無線電通訊設備，隨興與一個陌生男子通上了話。交談幾句後，約翰赫然發現對方是他的父親法蘭克，也察覺到自己有可能改變父親與自己的命運。約翰警告法蘭克，他將會在某一次任務中發生危險，因而救了法蘭克一命。電影的結局是，約翰因為在童年及成長時期都有父親的陪伴，而改變了自己的一生。

我永遠沒有機會做同樣的事！

我無法用我發明的時光機器去看望父親！

⌛

如今我已成為科學家，是成年人了，我已經能夠拋棄那悲傷童年的情感包袱。父親已逝，對此我無能為力，惟有勇敢而自豪的繼續生活下去，將我的餘年填滿珍貴的朋友、充實的時間，以及有價值的工作。

我想起歐本海默曾說過的話。有人在第二次世界大戰結束的數年後，問起歐本海默，究竟促使他圓滿完成曼哈坦計畫的動機是什麼。令人想不到的是，歐本海默不是回答什麼製造原子彈可以讓戰爭提前結束之類的大道理，而是說，那個科學計畫有「科技的甜美」。同時他也宣稱，對於許多終於製成新類型炸彈的科學家而言，他們的真實動機確實是為了結束戰爭。

雖然，想要搭乘時光機器回到一九五〇年代的這個原始目標已經完全變了樣，我仍然有強烈的企圖心，要完成這項計畫。除了出於好奇，我也想嚐嚐看到時光機器啟動的那一刻，所謂的「科學的甜美」滋味。

我現在已經開始策畫，如何將我那突破時空連續體的理論付諸實現。我有凌駕一切的希望和動機，我的研究將僅限於和平用途上，絕對不做暴力與戰爭的幫凶。

製造一部實驗的時光機器的時刻，已經到來。

第十三章　製造時光機器

通常理論物理學家不會關心他們的研究成果有什麼實際用途。而且，一般都是特殊的科技儀器才有機會申請專利，理論本身是得不到專利的。

然而，我讀了物理學家暨諾貝爾獎得主湯斯[31]的自傳《雷射是如何產生的》後，對申請專利的態度稍有轉變。湯斯在書中指出，新儀器並不需要有可運行的模型才能取得專利，他建議研究者如果對新儀器的作用有確實可行的理論，應該直接申請專利。

我請教康大的科技商業化中心，中心的技術執照組組長建議我先去登記暫准專利，把我的想法正式備案，並讓我有充分的時間撰寫詳細的專利說明書，這可以等到「循環光束—重力場的坐標系拖曳實驗」定案後才進行。（暫准專利的申請不如正式專利那樣，要求許多詳細內容，登記費也不用那麼多，但有效期限只有一年。）

我申請專利的目的，不是為了把時光旅行的研究結果保密或獨占牟利，事實上我的想法恰恰相反，我希望進一步確保我的研究僅限於和平用途，絕對不做暴力與戰爭的幫凶。

傳統上，原始理論一旦在科學刊物中發表後，由科學家或工程師運用到自己的研究中是常有的事，這也就是科學進步的原因。愛因斯坦發現了輻射的受激發射理論，這是雷射的理論基礎，其他的研究者引用這理論才能發展出第一具可用的雷射。我相信假使愛因斯坦有生之年能目睹雷射時代的降臨，也不會有什麼異議的。

我研讀過美國專利申請指南後，明白要直接申請時光機器的專利是不可能的，然而我可以為時光機器的應用申請專利，該應用以時光機器為核心元件。從這方面做進一步的思考，我想到可以弄出一個叫LOTART的儀器。

我在二〇〇三年七月二日向美國專利商標局登記的專利說明書中，於「較佳具體實施例之詳細説明」部分，提出如下的資料：

「雷射光學之時光機器與收發器」（A Laser Optical Time Machine and Receiver Transmitter, LOTART）的通訊儀器，包括一單向循環光束，以及一信號收發器。

時光機器的接收器，能接收來自外界發射器的遠距離信號，這個外界發射器則是於未來某特定時間和地點，為特殊應用而製造的。該時光機器的內部發射器，能將隨後的外界狀況等相關資訊，以信號發射出去，信號會沿封閉時間線傳送至較早的時刻。

在一較佳實施例中，假如將來某時刻成功達成了一次星際太空任務，就可以從著陸的太空船向地球上的圓柱面循環光束時光機器發射信號，循環光束時光機接收到信號後，就會從內部把信號傳送到現在時刻，這些信號將會指出這未來的任務是否成功。收到的這些信號，可以決定是否要更改任務的參數，如此將能節省不少探索太空的人力與物力。

本申請案所擬議的光學時光機器，包括：

一雷射光束，流經一條適當介質的單向圓柱形導波管，與收發器連接。所造成的循環光束會產生含有封閉時間線的重力場。

一信號收發器，放置在圓柱面循環光束的外側，收發器偵測到的特定電磁波信號，會沿封閉時間線，從將來特定的某個時刻，傳遞至LOTART啟動的時刻。

在「申請專利範圍」，我提出LOTART的特徵如下：

一種產生封閉時間迴圈的方法，它與循環光束的重力場有關，並且能接收到從未來某時間發射出的信號，將其傳遞到現在的時刻。

一種在適當的光學介質內，形成單向圓柱面光組態的方法。該圓柱面組態，大致可使用光子晶體、光纖，或單向環形雷射之疊積排列。

圓柱面循環光束（LC）導波管及信號收發器（SRT）的簡圖，以及圖說，也隨專利說明書一起送審。

這張簡圖如次頁所示：

政府於二〇〇三年八月核准了LOTART的暫准專利。雖然為了符合申請專利的要求，我提出了預期的具體實施例（為時光機器想出可能的應用方法，是非常有趣的），可是目前最迫切的任務還是以實驗決定，物質的粒子或某種型式的信號，是否能如我計算推測的那般，從未來傳送回來。

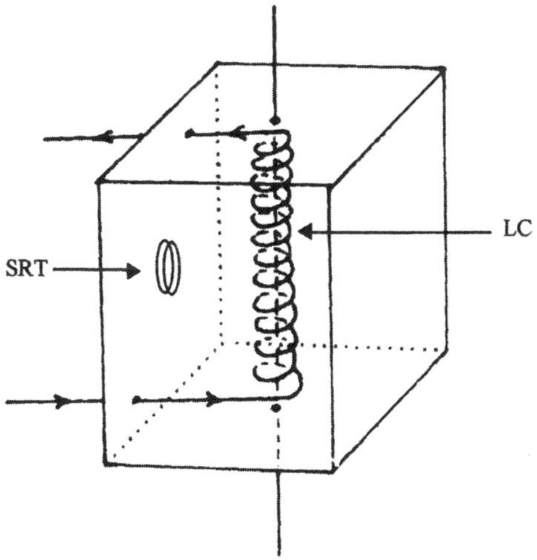

圖一：圓柱面循環光束（LC）導波管及信號收發器（SRT）

我和實驗夥伴汕德拉從開始合作起，就一致決定，初期將把注意力集中在時光旅行理論的第一部分：循環光束的重力場會使空間扭曲，導致坐標系拖曳。我們這麼決定，既是做實際的考量，也有理論上的理由。

從實際方面而言，只需要弱重力場就能造成坐標系拖曳了。相形之下，要產生封閉時間迴圈，就非要強重力場不可。由於弱重力場所需的能量較少，先找到坐標系拖曳現象是合理的——這類實驗的設計相較之下容易得多，同時它也是發生時光旅行的必要條件。

站在理論的立場來看，愛因斯坦的方程式證明了封閉時間迴圈是藉較高能量的坐標系拖曳產生的，如果我們不能以實驗方法製造坐標系拖曳，繼續尋找封閉時間迴圈就毫無意義了。

時光機器的製作將分成幾個階段進行，第一階段是設計儀器，證實低能量的循環光束真的會扭曲空間，就如同我預測的那樣。只有當我們觀測到坐標系拖曳，也就是空間扭曲了，才能開始第二階段的工作。第二階段的任務是用較高的能量，創造出封閉時間迴圈。

⌛

要展開第一階段的工作，我們必須發展出實用的環形雷射，並挑選適當的測試粒子。我們選擇的粒子是中子。絕大部分原子的原子核，都是由這種次原子粒子（以及質子）組成的。

中子有「自旋」特性，這使它在實驗中十分有用。所謂自旋，就是物體自己在旋轉，例如，地球繞著穿過南北極的軸線旋轉，我們可以說地球繞著地軸自旋（或自轉）。中子也有自旋軸，正常情形下，中子自旋軸的方向不會改變。然而我的理論顯示，如果中子位於環形雷射的中央，那裡的重力會使自旋軸的方向受到拖曳而改變。中子自旋軸方向的改變叫做「進動」，我們最熟悉的「進動」例子，就是打陀螺——陀螺打在地上，自旋軸方向會不停改變，搖來晃去的。

我推導出一條關鍵方程式，可計算一個如中子的自旋中性粒子，受坐標系拖曳效應造成的進動：

$$\Omega = \frac{8\sqrt{2}G\rho}{ac^3}$$

在這個方程式裡，Ω代表中子自旋軸方向的變化率。方程式裡還包含兩個基本自然常數 G 和 c，G 叫做萬有引力常數，c 即是光速。式中又有兩個變數，ρ 及 a，可以因實驗的設置而改變。ρ 是雷射光束的強度，a 是構成環形雷射的正方形邊長。這個方程式顯示，雷射強度的增加或環形雷射的面積減少，都會使中子自旋軸方向的變化率增大。這意思是說，這個實驗設計應該在於取得最大可能的雷射強度，和最小可能的環形面積。

發表在《物理通訊A》的那篇環形雷射—重力場的原始論文中，我是用鏡子築成循環光流。這樣的結構有些嚴重限制，因為從實際面而言，環形雷射的面積受限於反射鏡的大小，反射鏡只能做到那麼小，無法再更小了。汕德拉與我都心知肚明，我們還缺少一樣東西，於是想到一個替代方案，把四個同型雷射分開放置，形成交叉光束構成正方形。對稱且聚焦的雷射光束從正方形各角落射出，可以模擬出高強度環形雷射的效果，而且交叉光束可以調整出最小可能的環形，邊長約只有〇．〇〇〇〇〇一公尺。

把環形雷射層層相疊顯然可以增強效果，最後會構成一個雷射光塔，每一層有四道交叉雷射光束，每一層的雷射光束都是由高強度的二極體雷射供應的。每一個二極體雷射的厚度約為〇·〇〇〇一五五公尺，能產生十瓦的能量。這樣築起的循環光塔，產生的重力場將能扭曲空間。我的計算顯示，以一萬層二極體雷射建構成的塔，就能造成可觀測到的坐標系拖曳效應，這個塔的高度大約為一·五五公尺。

要觀測空間扭曲以及坐標系拖曳效應，得把中子束射進塔中央，當中子自塔的另一端出來時，我們可以測量它們自旋軸方向的變化。如果改變量如上述公式所推算的，即可證明中子經歷過坐標系拖曳，這坐標系拖曳是空間扭曲效應產生的，而空間扭曲效應則是由循環光塔的重力場造成的。

在科學實驗中，考慮以不同的方法達到所要的效果，是很重要的。還另有一個方法可以觀測到環形雷射的坐標系拖曳效應，而且根本不需要物質粒子。

當我回想從前做過的研究時，這個方法浮現出來了。我的第一位研究生弗瑞德·蘇研究的坐標系拖曳效應，是由旋轉黑洞的重力場造成的，他是利用觀測光線經過旋轉黑洞附近時發生的變化，來完成研究的。

光波的一種基本特性是，它在前進的同時會上下振動，上下振動形成的平面叫做光的偏振平面。在弗瑞德的論文中，他證明了光的偏振平面受旋轉黑洞的重力場扭轉。我知道，如果我把光波穿過循環光塔的重力場，光的偏振平面也應該發生相似的扭轉。

現在我們有兩個不同的可行實驗，來進行第一階段的測試了。

⌛

正當汕德拉與我正在思考這些不同的實驗策略之際，出現一個令人振奮的消息：有一個與我們可能有關的人造衛星實驗正在進行。「重力場探測儀B號」已經發射進入太空，準備測試因地球自轉造成的重力場坐標系拖曳。這個耗資七億美元的研究計畫是由美國航空暨太空總署與史丹福大學合作進行的，航太總署提供經費，史丹福大學是這項任務的主要承包單位，負責設計與整合科學設備，以及任務的操作和數據分析。該實驗的首席研究員是史丹福大學的物理學家艾佛瑞特[32]。

我覺得去會見艾佛瑞特教授可能有幫助，一方面可以瞭解更多有關他的坐標系拖曳實驗，同時也把我的實驗告訴他。艾佛瑞特同意我的造訪，我於是在二〇〇四年六月飛往加州。

這是我第一次來史丹福大學參觀，該校座落在北加州舊金山以南約六十四公里，這個有大樹環繞的校園，美得讓我心驚。我給引導到艾佛瑞特教授凌亂不堪的辦公室，他給我的第一個印象，酷似愛因斯坦六十多歲時相片上的樣子。艾佛瑞特說話緩慢，帶點英國腔，一頭亂髮垂到雙肩。寒暄後，他帶我去參觀他的實驗室。

艾佛瑞特首先帶我去看內藏四個陀螺儀的低溫探測器原型，它們是實驗的核心設施。低溫探測器看來像龐大的不銹鋼保溫瓶，每一個陀螺儀直徑都是三．八公分，大約是乒乓球大小的光滑圓球，艾佛瑞特解釋說：「這些圓球是人工所能做的最圓的東西。」這些小圓球放在一個小箱子裡，以避免聲波的干擾，且冷凍至幾乎絕對零度，避免它們的分子結構產生擾動。艾佛瑞特宣稱，這些陀螺儀的精確度比「任何現存的陀螺儀要強三千萬倍。」

這個實驗並不是現在突然冒出來的，而是有一段相當的歷史了。

一九一八年，愛因斯坦發表他的廣義相對論之後三年，倫澤和蒂林這兩位奧地利物理學家推測，一個沈重的旋轉物體（譬如地球）會牽扯該物體周圍的空間，這樣的效應命名為「坐標系拖曳」。然而到了一九六〇年，尚未有人觀測到沈重的旋轉物體造成的坐標系拖曳。

就在這個節骨眼上，史丹福大學物理學家希夫提出一個可行方法，來觀測因地球自轉引起的坐標系拖曳，他建議可以把一個陀螺儀放在地球上空的繞極軌道[33]上，來測量坐標系拖曳的效應。陀螺儀只不過是一個旋轉，也就是自旋的物體，在沒有外力作用下，陀螺儀的自旋軸方向不至於改變。假設愛因斯坦的廣義相對論正確無誤，人造衛星上的陀螺儀一旦到達繞極軌道，地球旋轉就會造成人造衛星附近的空間扭曲，這種空間扭曲將會改變陀螺儀的自轉軸方向，因為它會受地球旋轉路徑的拖曳。

可是有一個問題：在希夫提出這個實驗時，執行這實驗所需的科技尚未存在，不僅還沒有必要的精密科技和測試儀器，而且那時美國的太空事業也才展開兩年而已，火箭與軌道衛星仍然是新興科技。

到了二十世紀末，發射人造衛星已經是常態了，超導體（電流在其中流動，不受電阻影響）及材料科學（尤其在做出完善的圓球形陀螺儀上）都有長足的進展，已經有可能測試因地球旋轉而產生的重力坐標系拖曳實驗了。但不幸的是，遠在這樣的實驗有可能進行之前，希夫於一九七一年就逝世了。一九八一年，艾佛瑞特變成該衛星實驗的首席研究員。

在我來訪之前的兩個月，也就是二〇〇四年四月二十日，一枚六．四公尺乘二．七公尺的人造衛星，從范登堡空軍基地由三角洲二號火箭成功載運升空，這個人造衛星攜帶的探測器含有四個陀螺儀。當我們談話的時候，艾佛瑞特向我解釋，陀螺儀的最後校正仍在進行，藉由史丹福控制中心發出信號至軌道上的衛星來完成，校正完畢後便可以開始實驗了。

假使廣義相對論在這方面的預測是正確的，那四個超精準的陀螺儀應該會偵測到從軌道偏離的微量時間與空間。為了測量每一個陀螺儀的軌道，要先用追蹤望遠鏡讓陀螺儀對準一顆導星（當作參考點的恆星），再使用磁場測量器記錄各陀螺儀相對於導星的變化。

等我們回到艾佛瑞特的辦公室後，我向他說明我的研究，以及我對循環光束的重力場能產生坐標系拖曳的推測。我已經寄了兩篇我發表過的論文影本給他，此時我請教他對我的實驗安排有何意見，這實驗是汕德拉與我為了測試我的理論所設計出來的。

艾佛瑞特覺得將光線穿過環形雷射的重力場，觀測坐標系拖曳效應對光的偏振平面造成的變化，是最可能成功的實驗，理由是光線比中子容易控制得多。光線可以在穿過環形雷射時，進行多次反射，便可能放大光偏振平面上的坐標系拖曳效應至相當的程度，使該效應更易於測量。

我告辭之前先謝謝艾佛瑞特的寶貴時間和極具見識的意見，然後又邀請他於翌年來康大的物理論壇演講。艾佛瑞特說他從未於秋天到過新英格蘭地區，他聽說一年當中的那個時節，樹葉斑斕，美麗極了。我們就把他來訪的日期訂在二〇〇五年十月[34]。照艾佛瑞特的意思，到時候他們會蒐集到充分的數據，可以檢驗「地球旋轉的重力場會造成坐標系拖曳」這個推測到底是否真實。這段時間，我將會像物理界的每個人一樣，熱切盼望聽到他的結論。[35]

⌛

回家後，我將此行的見聞與汕德拉討論。他覺得艾佛瑞特的想法是對的，環形雷射的重力場造成的坐標系拖曳效應，在觀測光偏振平面的效應上，比較容易量度出來。但無論如何，我們都同意，目前最好的策略是中子及光的效應都要試試看。

汕德拉與我最早的時候討論過，我們的實驗計畫需要的經費很多。研究經費可以來自政府、商界、非營利事業或私人基金等。政府經費向適當的部門提案申請即可獲得。政府經費的來源分為非軍事性的和軍事性的，非軍事性的經費來源如美國國家科學基金會、航太總署等等；軍事性的經費可以經過像國防高級研究計畫署之類的機構取得。事實上，某一位與國防高級研究計畫署有關係的人士曾經來跟我接觸，可是我對於軍方的經費支援懷有戒心，我的不安一部分是因雷射發展的複雜歷史引起的。

一九五三年，湯斯發明一種放大微波輻射的儀器，這種輻射他稱為「邁射」。到了一九五七年，湯斯又想要在邁射原理的基礎上，製造放大光波的儀器。當時湯斯是哥倫比亞大學的物理教授。另有一個哥倫比亞大學的研究生古爾德，獨自開始思考他稱為「雷射」的儀器。一九五八年，古爾德退出博士研究，轉到一家名叫「技術研究社」的小公司工作，他設法使公司對他的雷射念頭感興趣。技術研究社向國防高級研究計畫署的前身「高級研究計畫署」申請到一份頗具規模的雷射研究軍事合約，但這對古爾德來說反而成為很不幸的事，因為附加在那份軍方的厚贈中，有一條安全條款的限制，而古爾德無法通過必要的安全查核。但他的實驗報告已經受列管成為機密，也就是說，他甚至不能發表論文，古爾德完全被摒棄在自己的計畫之外。

誠然湯斯在發展雷射上的貢獻值得讚揚，但古爾德無疑也應當得到相同的功績。若不是受到軍方干預的話，他或許還能與湯斯同台領取諾貝爾獎呢。

還有許多其他的例證顯示，軍方以牽涉到國家安全的表面理由，奪走科學家的研究方案。我確知的一件案子是關於一位研究雷射的科學家，當軍方看出他的研究計畫，可能發展出攔截入侵的飛機及飛彈的雷射武器時，就將它霸占了。我不要我的計畫發生這樣的事，我最不願意看到的是：軍方給了我經費後，便將我的研究列為機密，從我手上奪走，而這可能發生在軍方知道實驗有希望成功的那一刻。

汕德拉也聽說過許多軍方干擾科學研究，種種令人髮指的故事，因此同意我的見解。雖然軍方可申請的科學研究經費十分充裕，但我們老早便決心不尋求，也不接受軍方的支助。

所有重要科技研發計畫的主持人，都需要覓得充足的經費以執行實驗。既然汕德拉與我已經進行到製作循環光束時光機器的地步，當然也處在這個關卡上。在康大，我們為時光機器的第一階段實驗，正式命名為「被光扭曲的時空」計畫，並且替它擬了一項預算。初始階段是展示循環光束的重力場能造成空間扭曲，總預算為二十八萬六千美元，其中包括人事費（博士後研究員及研究生）、設備費、差旅費、消耗品等。康大基金會是一個非營利事業組織，也為我們成立一個捐款賬戶，並幫我們管理研究計畫的經費。[36]

同時，我開始思考時光機器實驗的第二階段可行策略：建立受循環光束重力場引發的時間封閉迴圈。出乎意料之外，我參與的另一項合作研究，得到的成果竟給我做這實驗一個實驗測試上的提示。一般而言，物理學家都會同時進行數個研究計畫，我也一向如此。

多年來我對天文物理學家遭遇到的一個重要問題很有興趣：所謂的「失蹤物質」問題。首先，是由天文觀測員在觀測星系中恆星的運動時，注意到宇宙裡有些東西不太對勁。

一般來說，天文學家若想知道一個星系中有多少物質，方法之一是只要數一數該星系有幾顆星，然後用最簡單的算術把恆星的數目加起來，便可決定該星系的總質量。另一個決定星系質量的方法是，觀測那些繞行軌道接近星系邊緣的恆星，從它們的繞行速度可以計算出，這個星系的質量有多大。

結果讓天文學家很震驚。當他們先用第一種方法加總得到一個星系的質量之後，再用第二種方法計算出星系的質量；他們很驚訝的發現，兩者並不一致！藉由點算恆星數量得到的星系質量，遠小於觀測恆星繞行運動而計算出來的星系質量。很顯然是有某些物質沒能點算到，這就是天文學家所稱的「失蹤物質（質量）問題」。

曾有幾個理論提出來，試圖解決這個問題。由於我們是依賴恒星的亮光來點算恒星數量的，最明顯的答案是，組成星系的大部分物質必定是不發光的，意思是說，我們看不到所有的物質。因為大部分物體是不發光的，後來便統一稱為「暗物質」。天文學家推測，有一些不發光的物質可能以黑洞的形態呈現，因為黑洞是看不到的。

英國出生的馬克．西爾弗曼是我的朋友兼同行，他是康乃狄克州哈特福三一大學的物理教授，他對「失蹤物質問題」很有興趣。馬克和我初識於一九八七年的一場會議中，那會議是倫敦國王學院為紀念薛丁格百歲冥誕而舉行的，薛丁格是著名的物理學家，他在一九二六年發現了電子的波動方程式。馬克於一九七三年取得哈佛大學的博士學位，在研究原子物理及光學上都是國際知名的，他是一位友善、爽快、中等身材的紳士，留有誇張的八字鬍和短鬚。

馬克猜想，失蹤物質可能是宇宙流體，這種宇宙流體是由性質特殊的輕量粒子構成的。我們決定合作進行研究，因為這類粒子的性質，看來可能與我早期研究的愛因斯坦出了名的宇宙常數有關，愛因斯坦企圖用這個常數證明宇宙是靜態的，結果卻證明愛因斯坦錯了。馬克和我針對失蹤物質問題所採用的研究路數，似乎很管用，我們已經發表了好多篇成果。

有一回見面討論時，我告訴馬克我正在進行用循環光束產生重力場的實驗，第二階段的任務是要創造出封閉時間迴圈。馬克針對第二階段的實驗，提出了十分可行的出色建議，他建議我使用有固定壽命的放射性元素。而我後來稍做修改，預計採用會衰變的基本粒子。

這樣的測試會是這樣安排的：首先，設想循環光束已經產生了時間的封閉迴圈，同時，我們已經準備好一種特別的基本粒子，它們全都具有完全相同的壽命。接下來，我們就讓一束這樣的粒子從循環光束的一端通過某個區域，這區域包含一個時間封閉迴圈；那麼，從右側進入時間封閉迴圈的粒子，所經歷到的時間方向，肯定是與從左側進入時間封閉迴圈的粒子不同的。如果在時間封閉迴圈的另一端放置偵測儀，則抵達偵測儀的粒子將會有不同的壽命，長短視粒子走的時間途徑而定。

這個實驗應該可以為時間封閉迴圈的存在，做出精確的測定，使物理學家信服，循環光束真的能產生時間封閉迴圈。

等汕德拉與我到達製造時光機器的最後階段時，我們會先在實驗室進行這類實驗。假如從這些基本粒子真能觀測到不同的衰變壽命的話，那麼將會證實循環光束時光機器的概念是可行的。而且，只要我們能把基本粒子送回到過去，我們就能把任何物體送回過去，雖然這樣做將需要更多雷射和更多能量。這將表示：回到過去的時光旅行時代，將會引進這個世界。

第十四章　時光旅行的弔詭

從我的計算推論，返回過去的時光旅行，只可能回到第一部成功的時光機器啟動的那一瞬間，這倒解決了霍金及其他人所提出的質疑。他們的問題是：如果回到過去的旅行在未來某一天成為可能，為何我們至今尚未接待過來自未來的旅客？

一個可能的答案是：我們見不到時光旅客來臨的原因是，第一部可用的時光機器還沒有接通電源。可以輸送人類的時光機器一旦啟動，未來的人類才會有通往我們這裡的港口，我們才可能真正開始接待來自未來的旅客。然而，遠在這之前，我們可能會先接收到經由時光機器傳來的訊息，初期的時光機器只能發出和接收比較初級形式的東西，例如無線電信號之類，而不是人類。

我的研究預測，可能有方法避開時光旅行的限制，但那需要別的行星上存在智慧生命。我們有諸般的理由相信，這個宇宙充滿生命，假如不是如此，假如地球真的是唯一居住智慧生命的地方，那麼，不就浪費了如此廣大的太空？

數十年來，「搜尋地球外智慧」計畫一直往太空尋找，希望知道除了我們自己這種生命之外，宇宙中是否有無線電信號，可以顯示其他智慧生命的存在。但是到今天為止，還沒有偵測到可完全認定是來自地球外文明的星際無線電信號。不過，這項搜尋計畫仍然持續進行中。

想要尋找其他行星上的生命，一個比較有希望的方向，來自於太陽系外行星的發現。自從一九九〇年代開始，天文學家觀測到，在我們的太陽系之外，有其他的行星繞著與太陽十分相似的恆星運行，這項經過證實的觀測結果，非常令人振奮。這些太陽系外行星的發現，歸功於望遠鏡技術的大幅進步，才可能做到。

一九九五年十月六日，日內瓦大學的兩位瑞士天文學家，梅亞和他的研究生奎羅茲，首度宣布了太陽系外行星的可靠觀測成果。他們找到了一顆行星，繞著太陽以外的恆星運行，也就是說，那顆行星屬於另一個行星系。它位於離地球約四十七・九光年的飛馬座中，已命名為飛馬座51b。（一光年約等於九・五兆公里。）

太陽系外行星通常很小，很難直接看見，需要用到間接的觀測方法。偵察太陽系外行星的一種方法，是觀測軌道上的行星對於恆星的重力影響。另一種方法是「凌日法」：當行星從一顆恆星的前方通過，行星的陰影將使恆星的星光變得黯淡。

截至二〇〇六年初，我們觀測到的太陽系外行星將近有兩百顆，大部分都比地球大得多，大概相當於木星般大小，木星的質量約比地球多了三一六倍。但是在二〇〇六年一月二十五日，卻發現了質量不超過地球五倍的一顆行星。天文學家相信，發現類似地球的行星，只是遲早的問題。如果真的能夠有這樣的發現，影響將會非常深遠。光是我們的銀河系，就有大約一千億顆恆星，即使其中僅有一小部分的恆星有類似地球的行星，那麼就可能有比我們先進或落後的地球外文明存在。

我從不輕忽外星人擁有先進科技的可能性，時光旅行可能已經成為他們文明的一部分。我也期待將來有一天，我們發展出足夠先進的太空推進技術[37]，送我們抵達這些世界。

假設外星人在數千年前製造出時光機器，而且已經啟動，你想，能夠看到古代的埃及、希臘與羅馬，親眼目睹只有在書裡讀過的歷史大事，是多麼令人興奮啊！

⌛

無論用什麼方法旅行，回到過去的時光，將會打開潘朵拉的盒子，引發出許多麻煩的弔詭。哲學家及科學家提出的反對理由中，有一點是說，這將會引發嚴重的矛盾。最主要的一個例子，是所謂的「祖父弔詭」。這種弔詭可以用寓言故事來敍述，如果你願意的話，可以把自己當作寓言中的基斯．弗瑞瑟。

二〇五〇年十月三十一日，聰明而且胸懷大志的年輕人泰德．弗瑞瑟十分好運，本城頂尖的法律事務所約了他來面談。事務所的資深合夥人欣賞泰德的資歷和人品，立即聘用他。泰德後來又遇見老闆美麗動人的女兒愛蜜麗，倆人雙雙墜入愛河，並且結了婚。二〇五二年，這對幸福的夫妻生了一個兒子，大衛。泰德在二〇七四年去世。過了幾年，大衛結婚，有了一個兒子基斯。在基斯的成長過程中，大衛不斷告訴兒子，他從未見過面的祖父是如何的了不起。

到了二〇九五年，基斯參與政府的最高機密計畫，這個計畫在五十年前，就已經發展出先進的時光旅行科技。基斯多年來的願望，就是想要認識祖父，在這個動機驅使下，他自告奮勇回到過去。

基斯給送回到二〇五〇年十月三十一日那天早上，地點是祖父的家鄉。他認出了祖父泰德，因為他常看舊相片中的祖父。基斯高聲叫喊，想引起祖父的注意。泰德聽到、嚇了一跳，急忙轉身，不小心絆倒自己，折斷了腿骨。泰德被送到醫院治療，錯過了法律事務所的面談，於是那份差事落到別人頭上。

至此，我們的故事到了弔詭之處。泰德錯過面談的機會，也失去了遇見老闆女兒的機會。結果，泰德與愛蜜麗絕不可能生出兒子大衛。由於大衛沒出生，我們的時光旅人基斯也不會出生。但是，如果基斯沒有出生，那麼他又怎麼旅行到過去，改變祖父的一生呢？

這便是弔詭的重點：你怎麼可能回到過去，做出一些妨礙自己存在的事？這引發了許多討論，企圖處理這種弔詭。有一種說法是，為了消除時光旅行的這種弔詭事件，大自然會設局預防歷史發生這種非自然的改變。

「大自然預防」的想法，與霍金的「時序保護假說」有關。這個假說猜想，物理定律會用某種方式，防止時光機器成功運作。舉個例子來說，當時光機器啟動時，總會出些變故，把自己摧毀，不容許任何更改歷史的事發生。

另一個解決祖父弔詭的方法，與問題本身幾乎同樣怪誕。這個方法的根據是二十世紀物理學的另一根主要支柱：量子力學。迥異於牛頓古典力學世界的凡事皆有確定性，量子力學世界討論的卻是機率。量子機率的一項應用是「宇宙的平行世界理論」，指出在每一個可能的決定點上，宇宙會分裂為不同的平行分枝（就像你從乳酪漢堡或鮪魚三明治中選一個來吃，宇宙便分裂為二）。要記住的是，這樣的分裂並沒有經過理性的選擇，它就那麼發生了。無論我們居住在哪一個宇宙，我們都不會知道另一個宇宙的存在。

把平行世界理論應用於時光機問題，是牛津大學的物理學家鐸伊奇想出來的。我們重新考慮基斯・弗瑞瑟的故事，就能看出這個理論如何解決祖父弔詭中的矛盾。

當泰德・弗瑞瑟的孫子基斯抵達過去的那一刻，宇宙便分裂為二，這個平行宇宙不同於基斯原先離開的那個宇宙。這是一個新的平行宇宙，基斯在此見到祖父。即使基斯攪亂了局勢，使祖父錯失良機，也不至於導致弔詭發生，因為基斯是在新的平行宇宙中，他在新宇宙裡做的任何事，都不影響舊的宇宙。在舊的宇宙裡，他祖父赴約去面試了，遇見未來的妻子，最後有了一個名為基斯的孫子。這樣的平行宇宙情節，聽起來很奇特，可是沒有任何物理定律能把它排除掉。

除了時序保護假說以及宇宙的平行世界理論之外，還有一種有趣的說法，可能解決時光旅行的弔詭。假設我們有一具加密收發器能接收來自未來的訊息，我們唯一確實掌握的事實是此刻的時間。如果我們回應訊息，就等於選擇了一個特定的未來。我們回應的這個未來，很可能不是發出訊息的那個未來。

換句話說，我們確實改變了未來。我們決定回應任何來自未來的訊息，基本的不確定性就隨之而生。我們怎能確定，收到的訊息是來自我們的未來，還是平行宇宙的未來呢？因此，即使我們有可用的時光機器，仍然存在某種程度的不確定性。

科幻電影的主題有時候會提到這類情節：在不知道未來會發生什麼後果的情況下，擅自改變了過去，因此導致危機降臨。探討改變過去會造成什麼後果的影片中，較新的一部是二〇〇四年的科幻劇情片「蝴蝶效應」。描寫一個年輕人受到童年不愉快回憶的困擾，於是決定用他可以回到過去時光的能力，來改變過往。問題是，每一次他改變過去，卻讓未來的後果愈來愈糟。

旅行到未來，就不像旅行到過去那樣會導致弔詭的事情產生。因為一旦你抵達未來，你做的任何事都不會改變過去。在旅行到未來的那段時間，發生的任何事件所帶來的後果，都木已成舟，你只能接受。

我相信，回到過去的時光旅行終將發生。當時光旅行果然成真時，遭到濫用的情況也會隨之而來。就像任何威力強大的新科技，時光旅行也必須受到規範，以防止不當使用。這要靠整個社會共同監督，確保時光旅行只用來增進人類的福祉。

時光旅行究竟是發生在平行世界之間，或僅發生在這個世界？大自然有辦法加以干擾，阻止時光旅行的發生嗎？這些問題，只有等待第一部時光機器啟動後，才能有答案。我相信有一天，人們將能回答這個問題：「當我們回到過去，改變了過去，會發生什麼事？」

時光旅行可能讓我們以前所未有的方式來主宰命運。然而，歸根究柢，我們真正擁有的是此時此刻。

⌛

假如愛因斯坦可以回來逗留一小時，而我們又可以在公園的長椅坐下來，一起聊天，我很好奇自己會跟他說些什麼。我想，我會先告訴他，他一定不敢相信，我們現在所認知的宇宙，大部分都以他的研究為基礎，譬如，大霹靂理論，以及我們怎麼知道宇宙起源於一次大災難。我相信，愛因斯坦也想知道一些他解不開的問題，是否已經有答案。

「您是對的，大自然的各種力必須統一，但是您未能解決這個問題的理由是，那個時候只知有兩種力：重力與電磁力，而我們現在知道有四種力在作用。統一場論統御了宇宙中所有的交互作用，而強核力與弱核力就占了半壁。」

我會告訴愛因斯坦，為了證實他的巨大質量會產生坐標系拖曳的理論，我們發射了人造衛星環繞地球。我會解釋自己的理論，顯示循環光束的重力場也會造成坐標系拖曳。「我們正在更深入瞭解，您的廣義相對論對時間與空間本質的闡述。」我會告訴他，循環光束的重力場不僅造成坐標系拖曳效應，而且根據我的計算，它還可能導致時間的封閉迴圈，也就是說，我們有可能進行時光旅行，回到過去。

你可能想問，那我覺得，愛因斯坦會替我的時光旅行理論背書嗎？

這個嘛，我想他不會照單全收。我想他會說：「把你的計算拿給我看。」

我很想知道，愛因斯坦有沒有讀過那本啟發我很深的書：《時光機器》。我希望他也讀過。事實上，一九三〇年在倫敦的一場宴會中，愛因斯坦與威爾斯都出席了。在台上的愛因斯坦認出了威爾斯，他說自己很高興見到這位小說家，「他對於人生的觀點，特別吸引我。」

公園長椅上的一小時談話行將結束，在愛因斯坦回去做為世代受景仰的人物之前，我一定會這樣說：「愛因斯坦博士，謝謝您的廣義相對論和狹義相對論，以及您為全人類所做的、無與倫比的貢獻。我個人還要特別感謝您，因為您是我畢生夢想的鼓舞者。」

⌛

我母親已經八十二歲，依然活力充沛，老當益壯。幾個月前我去探望她，母親帶我去她的教堂，奧爾托納的錫安山浸信會教堂。她喜不自勝，很驕傲的將我介紹給她的教友：「這是我的兒子，馬雷特博士。」

說實話，早年喪父極可能使我的人生就此脫軌，而實際的情況就是如此，我曾經退縮，經常逃學。若非我懷抱夢想，希望有朝一日製造出時光機器，我可能早已輟學，誤入歧途。「我的夢想，」最近我向一群年輕聽眾說：「幫助我遠離州立監獄，進入了州立大學。」

我的幾個兄弟姊妹也都奮發有為。我的弟弟傑森，一向都是個善良的好人，以前在知名的IBM公司銷售部門工作，現在已經從主管職位退下來。我的小弟基斯，自幼便愛塗鴉，現在是著名的商業藝術家和人像畫家。我的兩個妹妹，依芙和安妮塔，一位是電腦動畫師，一位是醫療助理。

那次回奧爾托納，我第一次告訴母親自己的童年夢想，以及這麼多年來我一直想打造時光機的原因，就是希望回到過去，再見到父親。接著，我向她解釋一些相關的科學和雷射技術，可是我想她並沒有聽進去。

她凝視我，眼中含著淚水。

「從你身上，我已經再看到你爸爸了，」她最後這樣說。

我們倆互相擁抱，淚流了下來。

夢想·時光旅行

這張照片攝於1948年的紐約市布朗士公園，照片因時光流逝而殘破，但在我心中，往事歷歷在目。

照片裡，爸爸抱著弟弟傑森，媽媽的手搭在我的肩膀上。看得出我們為了出遊盛裝打扮，爸媽笑容燦爛，那是我們一家幸福甜蜜的時刻。

2002年6月25日，我在「國際相對論性動力學雙年會」的演講上，首度對科學同儕講述我的時光旅行理論時，在演講的最後的一張投影片，我就是放了這張照片，告訴大家當初我就是為了找回那幸福時光，才立定決心要研究時光旅行，我一生的努力，所有的盼望，都是為了實踐這個夢想。

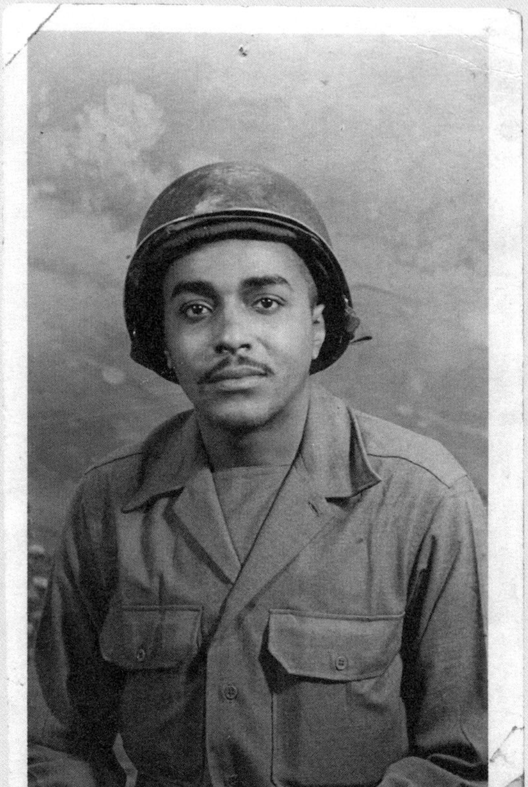

父親的從軍照，攝於1944年前往海外作戰之前，那年他22歲。

我父親在受徵召從軍之前跟我母親結了婚，他出征海外時我母親正懷有身孕。美軍在1945年首次渡過萊茵河作戰，爸爸服役的單位就隸屬其中。戰爭沒有在爸爸身上留下傷害，但戰場上目睹的悲慘景象卻糾纏他一生。在強渡萊茵河後不久，他當了父親：我於1945年3月30日誕生於賓州怒泉市。

母親摟著我及弟弟傑森（左立者）。這張照片攝於1950年代初，詳細日期已經不可考。拍攝地點是賓州克雷斯堡外婆家的養雞場前。

我很喜歡回克雷斯堡，奶奶家跟外婆家都在那裡。父親在世時，我的夏天都在那裡度過，但父親只能在休假期間加入。我們小孩子和堂兄弟奔跑在田野與山丘間，陶醉在廣闊的曠野中，父親則多半躺在院子裡的椅子上看電子期刊。記憶中，克雷斯堡的天氣總是暖暖的，我們就那樣度過一個個懶洋洋的夏天。

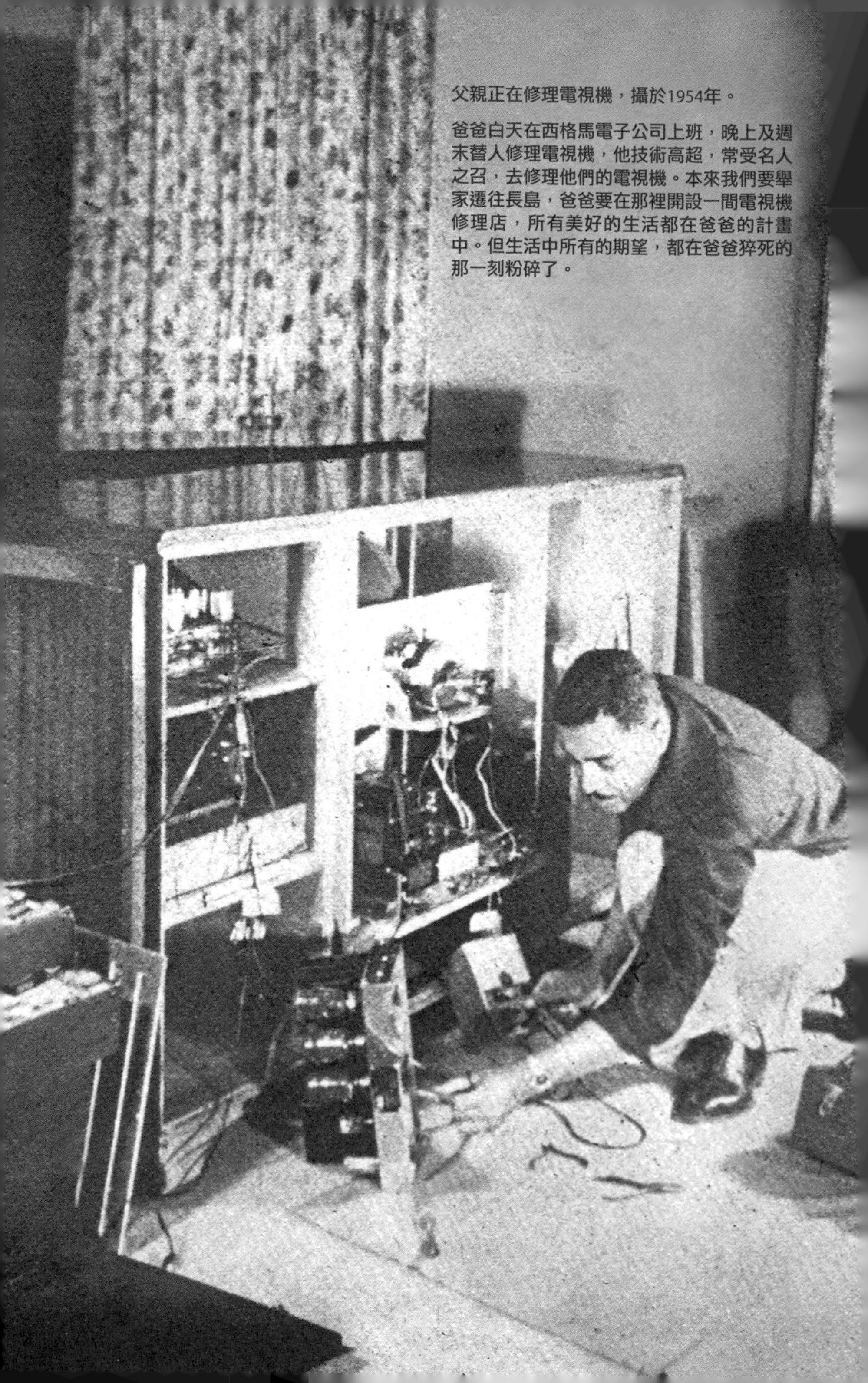

父親正在修理電視機，攝於1954年。

爸爸白天在西格馬電子公司上班，晚上及週末替人修理電視機，他技術高超，常受名人之召，去修理他們的電視機。本來我們要舉家遷往長島，爸爸要在那裡開設一間電視機修理店，所有美好的生活都在爸爸的計畫中。但生活中所有的期望，都在爸爸猝死的那一刻粉碎了。

第133冊《古典名著選粹》的封面，就是介紹《時光機器》，我父親過世後一年，我在偶然的機會下以15分錢買下這本書。

我失去父親而灰暗無望的生命，因為《時光機器》這故事又找到光明，我從這個科幻故事找到希望，希望有一天我能有辦法製造出時光機器，乘坐它回到過去快樂的時光，再見到魂牽夢縈，最親愛的父親，勸他去看醫生、凡事不要著急，好好照顧自己。我要阻止那個晚上發生的可怕事情，我要改變我們的命運，我要把他找回來！

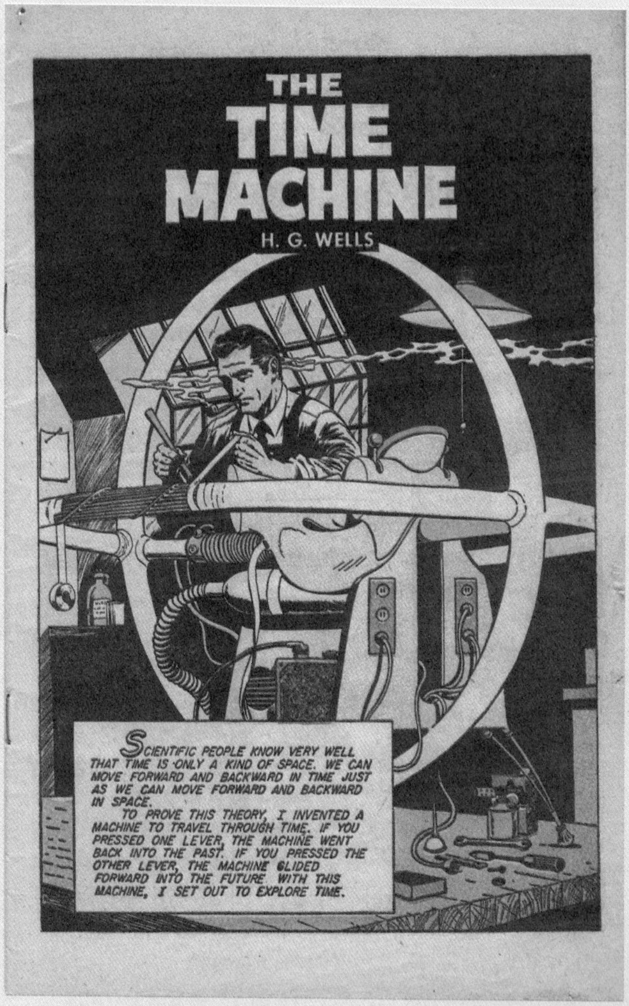

第133冊《古典名著選粹》的第一頁就是長這樣，我11歲的時候，就以這幅圖畫為藍圖，製造我的第一部時光機器。

雖然我拼湊出來的機器根本發動不了，無法送我到任何地方，但就因為下方的圖説寫著：「科學工作者皆知之甚稔，時間只是另一類的空間，我們可以在空間向前或向後移動，當然也一樣可以在時間中向前或向後移動⋯⋯」我認定科學家一定能瞭解穿梭時間的祕密，我決定要當科學家，無論花多少時間，無論要多努力讀書，我都要解開這祕密。

1962年畢業於奧爾托納高級中學時的畢業照。

當時的我，整天泡在書本裡，沒有朋友，個性退縮又自閉，雖然功課很好，但家裡的經濟狀況並沒有辦法供我上大學。我知道，要想讀大學就得先從軍，退伍後以退伍軍人助學金進入大學。爸爸以前也是這樣，他也是利用退伍軍人的補助來學習電子技術的。我要像爸爸一樣，離家自立，我要靠自己的力量上大學、當科學家、實踐時光旅行的夢想。

1968年桃樂賽與我攝於紐約布魯克林我們的公寓門前。

美麗的桃樂賽是我生命中最重要的女人之一，她有一頭棕色的頭髮，棕色的大眼睛，健康的橄欖色皮膚，以及讓人無法不注意的燦爛笑容。

我在大學時由於失戀的打擊，又開始搞自閉，也不想讀書，終日渾渾噩噩，1967年秋季乾脆休學。是桃樂賽拯救了我，我可以對她吐露心事，有她在我就覺得寧靜有安全感。我離開傷心地跟她到紐約，又在她的支持下回到賓州完成學業，我們在1969年結婚，她見證了我許多最重要的時刻，是我的生命支柱。但幸福的婚姻又因為我再度沈溺於自我否定、思父悲傷的情緒而破裂，原以為天長地久的婚姻最終只維持了二十餘年。

1989年，我在康乃狄克大學物理系我的辦公室裡，與愛因斯坦的海報合影，這時我已升任正教授兩年了。

在得到正教授的終身聘約之前，我從不敢正大光明的研究時光旅行，因為科學界一向認定時光旅行是異端邪說，還沒在學術圈站穩腳步就公開做這個禁忌的研究，無異會自毀事業前程。大科學家愛因斯坦一直是我的偶像，我畢生夢想的鼓舞者，我從科幻小說引發的希望，如果沒有愛因斯坦理論的支撐，只怕會是一場滑稽的空想。一直到今天，這位老朋友及長期鼓舞者的海報，仍然貼在離我的書桌不遠的同一檔案櫃上。

從1979到1985年，我擔任了六年美國海軍的校園聯絡官。

我接受這個任務有兩個原因，以士兵身分從海軍退役的我，可以晉階成為少校軍官；另外我可以幫助輔導、招募少數族裔新兵，增加軍中的少數族裔人數比例，同時也能協助學校裡的少數族裔學生。

因為這個職位，我有機會在1982年登上美國海軍驅逐艦米勒號（FF-1091）進行受訓航行。該艦的命名是為了紀念美籍非洲裔廚師多利米勒（Dorie Miller），米勒於1941年12月7日珍珠港事變爆發之時，衝上正在船塢整修的軍艦，操縱一門機關炮，成功擊落一架入侵的日本軍機，因而獲頒海軍十字勳章。重點是，他是廚子，從未受過任何武器操作訓練。

物理學家泰勒及夫人瑪莉艾塔與我的合影，攝於1979年。

1979年，紀念愛因斯坦百歲誕辰的活動在世界各地展開。那年夏天在義大利的港，有一項紀念愛因斯坦的大型活動在國際理論物理中心舉行，我也去參加了。我在那裡認識了泰勒，泰勒很和善，總是笑容滿面，我們常聚在一起談論科學及人生，並且一同用餐。

在參加會議的前一年，也就是1978年，泰勒與研究生哈爾斯宣布他們研究雙脈衝星的突破，首度提供重力波存在的觀測證據。由於這項成就，泰勒與哈爾斯共同獲得1993年諾貝爾物理獎，而我也在這意外得到的友誼與接續的討論中，加深了對時空柔順性的認識。

1995年我到緬因州高島拜訪物理界泰斗惠勒，在他的寓所合影。

在物理領域裡，我最希望可以跟惠勒一起做研究，他深研愛因斯坦的廣義相對論，創造出「黑洞」這個名稱。他是物理學界的超級英雄，仁慈慷慨，樂於提攜後進，費曼等傑出的近代理論物理學家都曾受益於他。因此我在第一個休假年（1982年至1983年）就想盡辦法，到德州大學奧斯汀分校理論物理中心跟惠勒做一年的研究，而在那一年裡，我不但對黑洞有更深入的瞭解，也因為有更多相處而打心眼裡敬佩這位有聰明頭腦與廣闊胸襟的大科學家。

惠勒後來轉到普林斯頓大學任教，一直到95歲時，在普林斯頓大學裡還保有一間辦公室。2008年，4月13日這位物理界最後的巨人不幸殞落，享年九十有六。

爸爸的三個兒子，左起：大弟傑森、小弟基斯以及我，攝於1990年代末。

大弟傑森生性善良純和，以前在IBM公司擔任業務行銷經理，現已退休。我的小弟基斯，自幼便愛塗鴉，現在是著名的商業藝術家和人像畫家。爸爸雖然沒有親眼看見我們成長，但我們都沒有辜負爸爸的期望，各自在事業上有一片天。

我在辦公室裡向研究生解釋時光機器的數學及科學原理，後面有一位相對論大師注視著。攝於2006年。

曾有記者把我比喻為「回到未來」裡的那位瘋狂的布朗教授，對此我難以接受，我的研究都有堅實的理論基礎，可受科學同儕公評。我的理論、我的事業，甚至是我的聲譽，全都建立在愛因斯坦所築成的基礎上。我不是科學怪人，我是實實在在的科學家。

書本是我的知識來源，而我一生的夢想，也是由書本啟動的。

如果不是爸爸從小培養我閱讀的興趣，我不會看到《時光機器》這本書，我的生命也許會大為不同，我很可能會成為黑幫份子，可能進出監獄多次，靠著領救濟金才能過活。但是閱讀打開了我的心，啟動了我的想像力，構築了我的實力，讓我能夠藉著閱讀，一步步趨近我的夢想。

注釋

1（P.12）丹麥物理學家波耳，對原子結構及量子力學的瞭解，有重大的貢獻，他因研究原子結構與原子輻射的成就而獲得一九二二年的諾貝爾物理獎。元素「鈹」（bohrium）的名字就是為了紀念他。第二次世界大戰期間，納粹占領了丹麥，波耳先逃亡至瑞典，戰爭的最後兩年再轉往英國及美國。他在美國參與曼哈坦計畫，協助製造原子彈，晚年致力於原子物理的和平用途，對核武器發展過程中產生的政治問題也積極參與解決，最後終老於哥本哈根。

2（P.12）艾弗雷特於一九三〇年生於美國馬里蘭州，成長於首都華盛頓。獲得博士學位之後，由於他提出的理論得不到包括波耳在內的其他物理學家的回應（波耳並不覺得艾弗雷特的想法有什麼厲害之處），艾弗雷特憤而離開物理研究數年。艾弗雷特迅即加入國防分析的工作，後來轉任私人企業的顧問，一生累積了不少財富，變成千萬富翁。艾弗雷特是菸酒不離手的人，於一九八二年暴斃，得年五十有一，應係心臟病之故。他的兒子馬克是搖滾樂團滑頭（Eels）合唱團的主唱。

3（P.42）威爾斯原是一位生物學家，從他的寫作裡展現他強烈的科學背景。他早期的小說《時光機器》、《隱形人》（*The Invisible Man*）、以及《世界大戰》（*The War of the Worlds*）等，被譽為「科學的羅曼史」，啟發一連串現今科幻小說的經典主題。一般認為，威爾斯深受法國科幻小說之父凡爾納（Jules Verne, 1828-1905）通俗寫作法的影響。

4（P.44）勞倫茲生於荷蘭，他因研究電磁輻射的成就，贏得一九〇二年的諾貝爾物理獎，因為定義了電磁輻射，才可以精確解釋光波的反射及折射。一九〇四年他發展出「勞倫茲變換」公式，這個數學公式是把觀測者對空間與時間的測量，跟與他有相對運動的另一觀測者所做的同一測量，產生關聯。由於勞倫茲變換公式，形成了愛因斯坦狹義相對論（一九〇五年）的基礎，因此勞倫茲公認為是物理學史及相對論領域中最著名的人物之一。勞倫茲具備深度的個人魅力，使他那世代凡是認識他的人都敬愛他，不論是領袖或平民。

5（P.49）歐姆生於德國，受教育於德國，他用自己設計的儀器，進行電學上很多測試及量度的實驗，獲得許多突破，他希望因此得到著名大學的教授聘約。可是，在一八二七年發表實驗結果後，他反而遭科學社群排斥，連中學教師的工作都被迫辭掉，過了幾年窮困的生活。到了一八四一年，科學界終於承認，歐姆的發現是非常有價值的，他因此獲得倫敦皇家學會的學術獎章。一八四九年，也就是他去世之前五年，慕尼黑大學聘任為他為實驗物理學教授，歐姆才終於達成畢生的願望。

6（P.54）譯注：《魯拜集》作者奧瑪・珈音是十一世紀時的波斯詩人，「魯拜」是指波斯的四行詩。奧瑪・珈音有「波斯李白」之稱，洞徹生命無常，而常縱酒狂歌。中文採用麻省理工學院著名的華裔物理學家，黃克孫教授的七言絕句衍譯（承蒙書林出版公司授權引用）。

7（P.64）一九五五年八月，在密西西比州的門尼鎮，來自芝加哥的十四歲黑人少年提爾（Emmett Till）被一群白種男人，把他從叔叔家裡拖出來。他的頭顱被砸碎了，遭槍殺後給丟進塔拉哈齊河。謀殺提爾的人是為了報復他前一天，走進一家雜貨店對店主的白人妻子吹口哨。許多人認為，提爾的謀殺案是引爆美國民權運動的火花，本案一直等了五十年之久，才於二〇〇五年六月，宣判前3K黨員奇倫（Edgar Ray Killen）犯下殺人罪。

8（P.72）約瑟夫．湯姆森，英國物理學家，朋友都稱他為J. J.，是電子的發現者，這項發現於1897年轟動了科學界，讓他贏得一九〇六年的諾貝爾物理獎。他的兒子喬治．湯姆森（George Paget Thomson, 1892-1975），因證明電子是波的事實，獲得了一九三七年的諾貝爾物理獎。這可能是近代物理界中最偉大的父子檔故事。

9（P.79）費曼是天生會說故事的人，他與日本的朝永振一郎（Sin-Itiro Tomonaga, 1906-1979）及施溫格三人，因為他們在「量子電動力學的奠基工作，對粒子物理學的發展有深遠意義」，共同獲得一九六五年的諾貝爾物理獎。事實上，他們三人是分別獨立做同樣研究的，費曼用的是他著名且易懂的圖解法來解釋研究結果；施溫格明顯複雜化的方法，使他的論文艱澀難讀。有人告訴費曼，施溫格的成果在數學意義上和他的一樣時，費曼叫起來：「那我的東西不就是象形文字了嗎！」

10（P.89）穆勒是出生於德國的物理學家，他發明了場發射顯微鏡（field emission microscope）及場離子顯微鏡（field ion microscope），後者讓他成為第一個看到個別原子的人。從一九五二年起到去世為止，穆勒都是美國賓州立大學受人尊崇的教授，得到許多讚揚，卡特總統也在穆勒過世後追贈國家科學獎章。

11（P.107）愛因斯坦的新理論並不取代牛頓力學的重力定律，而是把牛頓不完整的理論，說明得更完整。當物體的速度遠低於光速，譬如現代的火箭，愛因斯坦的相對論運動定律和牛頓的運動定律完全一樣。因此，在弱重力場及相對低速之下，愛因斯坦與牛頓是一致的。事實上，牛頓力學的重力定律已經足以讓人類成功往返月球了。至於人類要到更遙遠的其他星系進行探索，涉及接近光速的火箭飛行時，愛因斯坦的新理論便占上風了。

12（P.109）牛頓與德國數學家萊布尼茲（G. W. Leibniz, 1646-1716）各自獨立發現微積分的基本原理，這是近代科學的主要突破之一。雖然萊布尼茲先發表了有發展性的突破理念，可是牛頓公開的草稿及證據都證明，他比萊布尼茲早二十年發展出相同的構思。牛頓在他生命的最後二十年，與萊布尼茲進行劇烈的微積分主權爭奪戰。現在一般都認定，牛頓首先發展出微積分，雖然大家也質疑，若非萊布尼茲率先公開發表，還不知道牛頓是否會與全世界分享微積分呢！牛頓於一七〇五年成為第一位受封為爵士的科學家，直到今天可能仍是舉世公認，有史以來最偉大的科學家，甚至連愛因斯坦都把牛頓評為第一；愛因斯坦自己通常被排在第二。

13（P.113）奧地利物理學家波茲曼（Ludwig Boltzmann, 1844-1906），在愛因斯坦之前好幾年就以統計力學為工具，證明溫度之類的量度，是千百萬個分子的平均運動能量造成的。波茲曼的說法受到物理學家的攻擊，這群卓越的物理學家不相信分子的存在。波茲曼天性敏感，因受排斥而深陷憂鬱，於一九〇六年在義大利渡假時自縊身亡。在此之前的一年，愛因斯坦已從研究中獲得結論，終於說服科學界，分子真的存在。可是因為當時通訊緩慢，愛因斯坦的研究成果沒能來得及挽回波茲曼的生命。

14（P.132）愛因斯坦與雷納德之間的關係十分諷刺。一九二三年，雷納德在德國物理學會演說，指責「相對論是一樁猶太人的陰謀，我們從一開始就很懷疑……因為這理論的創始人愛因斯坦是猶太人。」雷納德的這段談話，發表於希特勒在德國崛起、取得權力之前十年，納粹促使愛因斯坦逃離祖國，流亡美國。一九三〇年代，愛因斯坦協助多位在德國境內身陷危險的猶太知識份子安全逃出，在這期間，他成為猶太復國運動的領導人物。一九四八年，愛因斯坦受邀出任新成立的以色列國的首任總統，但是他婉拒了，理由是他並非政壇人士。

15（P.135）哈佛大學的葛勞伯教授，已八十多歲，由於他發展出一組方程式，得以精確預測如雷射那樣的光子在同調光源中的行為，而成為二〇〇五年諾貝爾物理獎的共同得獎人。葛勞伯是布朗士科學高中（Bronx High School of Science）一九四一年的畢業生，在進入哈佛大學僅僅一年，即受徵召加入曼哈坦計畫工作，被指派去計算原子彈的臨界質量，他當時年僅十九歲。葛勞伯在研究臨界質量的問題兩年之後，回到哈佛大學繼續讀書，先後獲得學士和博士學位。

16（P.139）法拉第公認是科學史上最偉大的實驗學家，雖然他沒有接受大學教育，又只懂得一點點的基本數學而已。法拉第是打鐵匠的兒子，他拒絕相信牛頓假設空間是空空如也的前提，而在倫敦自家的地下室設計實驗。他的大力推動，使電學成為一項有用的科技，對於電磁學及電化學等領域的發展有重大貢獻。法拉第也發明了後來稱為本生燈的雛形，本生燈現在普遍用於科學實驗室，是很方便的熱源。

17（P.139）原子鐘比其他種類的時鐘更能準確計時，但原子鐘不依賴放射性，也不依賴原子衰變。原子鐘像一般的鐘，也有振盪的質量以及彈簧，同樣利用振盪來追蹤流逝的時間。原子鐘的最大不同點，在於它的振盪發生於原子核與環繞的電子之間，而不像鐘錶匠的鐘，利用平衡擺輪及遊絲之間的振盪。原子鐘比地球自轉或恆星運動還要準確，沒有原子鐘的話，全球定位系統的導航不可能實行，網際網路無法同步，行星的位置也不能準確測知，以致於發射或監控太空船與登陸載具會變得很困難。

18（P.140）拉塞福是紐西蘭人，世人公認他是核物理之父。拉塞福因展現放射性乃是原子的自發蛻變，而獲得一九〇八年的諾貝爾化學獎。在研究放射性的過程中，他還創造出α、β、γ射線等名稱。歷史學家將他之於原子的貢獻，媲美達爾文之於演化論、牛頓之於力學、法拉第之於電學，以及愛因斯坦之於相對論。

19（P.141）雖然有人認為，物理學家所做出的最佳成績，都是在他們二十多歲的時候完成的，但我從此時開始相信那只是一種「迷思」，雖然確實有不少的卓越貢獻是由二十幾歲的物理學家做出來的。由於物理學的本質是需要累積物理世界的知識，物理學家通常是在年齡稍長之後，才會有突破性的成就。我們只要看看物理界的幾位支柱人物：蒲朗克，到了四十二歲才對量子論做出突破性的進展，薛丁格的量子力學也是四十二歲獲得突破的，而愛因斯坦的廣義相對論則是在三十七歲確立。他們每一位都在一生中對各自的領域有重大貢獻，特別是愛因斯坦，在一九五五年臨終之前，還在病榻上做物理計算，那時他已經七十七歲了。

20（P.165）惠勒不是最早預測黑洞存在的人。一九三九年，美國物理學家歐本海默，也就是日後製造原子彈的曼哈坦計畫的主持人，與他的研究生史耐德（Hartland Snyder）在《物理評論》期刊上發表名為〈論持續性的重力收縮〉的論文，這才是利用愛因斯坦的廣義相對論，首度預測出一顆質量夠大的恆星的最終命運，而且連光線都無法逃出這顆已終結的恆星。諷刺的是，惠勒起初不同意歐本海默的預測，但是後來卻大力鼓吹這種恆星最終狀態的想法。他為「黑洞」命名這件事，也是眾所周知的。

21（P.172）出生於一九四一年的泰勒，以及出生於一九五〇年的哈爾斯，因「發現一種新型的脈衝星，為重力研究開啟新的可能性」，而共同獲得一九九三年諾貝爾物理獎。今天，這一對昔日的師生，泰勒與哈爾斯，雙雙成為普林斯頓大學的物理教授。

22（P.183）索恩，一九四〇年生於猶他州的洛干市，一九六二年獲得加州理工學院的學士學位，一九六五年又自普林斯頓大學獲取博士學位。之後，他回到加州理工學院服務，目前擔任理論物理學費曼講座教授。索恩的研究聚焦於愛因斯坦廣義相對論與天文物理學，特別專注於相對論性恆星、黑洞，尤其是重力波的問題。在索恩的指導之下，有四十多位物理學家畢業於加州理工學院，獲得博士學位。索恩待人以和藹謙遜著稱，堅持別人直接稱呼他的名字，並且與自己的學生保持聯絡，甚至在渡假期間依然如此。

23（P.193）史瓦西生於德國法蘭克福，是難得一見的神童，十六歲即發表一篇討論軌道的論文。一九一四年第一次世界大戰爆發之後，他不管自己年齡已經超過四十歲，堅持參加德國陸軍，擔任砲兵軍官。兩年後逝世，據報是在俄羅斯前線作戰時染病而死。

24（P.196）通常學術會議都是很莊重的，克莉絲汀・拉森與我都認為，「和霍金開派對」是我們參加過的許多會議中最為特殊的一次。事實上，克莉絲汀在她所著的第一本書《史蒂芬・霍金：他的傳記》（*Stephen Hawking: A Biography*, Greenwood Press, 2005）序中描述這一件事。她寫道：「根據愛因斯坦的理論，光速是宇宙中的終極速度，但是，朗諾就有辦法，用比光速更快的速度，換上衣服，趕到會場。」克莉絲汀現在是中康乃狄克州立大學的物理及天文教授，並兼任學校菁英學程的主任。

25（P.212）托爾曼生於麻州的西牛頓市，一九一〇年取得麻省理工學院的博士學位，後來擔任加州理工學院的物理化學及數學物理教授，並兼任研究生學院院長。他對於統計力學及宇宙學都做出許多重大貢獻，其中包括振盪宇宙的假說（一種封閉宇宙的模型，在此模型中，宇宙擴張會減緩，接著反過來收縮，最後崩陷成一個奇異點，然後奇異點爆發之後又出現一個新的宇宙，如此週而復始）。托爾曼與歐本海默是好朋友，歐本海默利用托爾曼發展出來的數學技巧，分析崩陷恆星的最終狀態，也就是後人所知的黑洞。

26（P.222）葛拉瑟生於一九二六年，自一九八九年起，他一直在加州大學柏克萊分校的研究所，擔任物理及神經生物學教授。獲得諾貝爾獎的消息公布時，他正在佛羅里達州的棕櫚灘渡假，他對記者說諾貝爾獎替他製造了麻煩，「很難再繼續進行科學研究，因為很難說服自己承認，進行的下一件工作並不那麼重要。」

27（P.224）有那麼一段時間，我考慮過，把光慢下來也許有可能增加環形雷射的坐標系拖曳效應。不久之前，哈佛大學的郝氏（Lene Hau）及哈佛史密森太空物理中心的華爾斯沃斯（Ronald Walsworth）證明了光速可以自每秒鐘三十萬公里的高速，減緩至每小時僅有幾公里的速度。結果發現，慢光對我的實驗並沒有幫助。

28（P.225）狹義相對論只處理等速運動的物體，猶如汽車保持每小時一百公里等速那樣。相形之下，廣義相對論的對象較廣（因此而得名），不單討論等速運動的物體，也討論加速度運動或減速度運動的物體。

29（P.234）雷納德是出生於奧地利的物理學家，因研究陰極射線並且發現陰極射線的許多特性，而成為一九〇五年的諾貝爾物理獎得主。雷納德是強烈的日耳曼民族主義者，也是國家社會黨（即納粹黨）的黨員，納粹執政期間，他大力鼓吹德國應該依賴「亞利安民族的物理」征服世界，不要理會「猶太人的物理」，因為它誤導世人，想法荒謬。雷納德所謂的「猶太人的物理」，主要指的是愛因斯坦的理論。

30（P.236）從一九六〇年代雷射發明之後，光子學（photonics）才開始成為物理學的一個領域。從此，該領域藉由光纖（運用光束傳遞資訊的介質）的發展，以及摻鉺（摻雜鉺元素）光纖放大器等各種發明，而快速成長，這些發明並成為一九九〇年代電訊革命的基石和網際網路的基礎設施。

31（P.249）湯斯，一九一五年生於南卡羅萊納州格林維爾，是加州理工學院的博士。一九六四年，他因為在量子電子學的領域所做的基礎研究，使邁射（maser）及雷射（laser）得以發展成功，而與蘇聯科學家巴索夫（Nicolay Basov）及普羅霍羅夫（Aleksandr M. Prokhorov）共享諾貝爾物理獎。湯斯目前在加州大學柏克萊分校任教。

32（P.258）艾佛瑞特，一九三四年生於英國的肯特，於一九五九年獲得倫敦大學帝國學院的物理博士學位。艾佛瑞特於賓州大學擔任博士後副研究員時，使用液態氦進行實驗，於是開始想拿極低溫度下的陀螺儀，當成測試愛因斯坦廣義相對論的工具。他自一九六二年開始，便一直在史丹福大學擔任物理教授。

33（P.259）繞極軌道（polar orbit）與環赤軌道（equatorial orbit）不同，繞極軌道會隨地球的旋轉而變化。地球有自轉，也有繞日公轉；從太空中看起來，赤道平面環繞它自己旋轉，就猶如在桌面上滾動一枚銅板，但是繞極軌道平面的旋轉，比較像是把銅板立起來，用手指去彈它，讓它在桌面上像陀螺一般旋轉。

34（P.262）二〇〇五年十月二十八日，艾佛瑞特來到康大參加愛因斯坦的百年紀念（紀念發表狹義相對論一百週年）活動，在物理論壇演說。他在演說後的問答時間裡，堅決拒絕討論或預測有關重力場探測儀B號的結果，表示必須要等到數據分析完畢之後才能討論。他估計該結果將於二〇〇七年的某一時間公布，如果艾佛瑞特與他的團隊真的觀測到由於地球旋轉而產生的坐標系拖曳效應，那麼奧地利物理學家倫澤和蒂林從廣義相對論所做的推測，便能獲得支持，我的時間旅行研究的立論基礎就能獲得支持。假使結果顯示這是個負面的實驗，也就是結果證明上述的理論推測錯了，那將會成為我畢生所遇到最重大的科學事故了。不過，我也不能把賭注都押在重力場探測儀B號的觀測上，因為這個天文觀測結果並不會證明：循環光束的重力場是否也會發生坐標系拖曳效應。

35（P.262）譯注：由美國航太總署與史丹福大學合作的重力場探測儀B號研究計畫，於耗資七億美元，歷時四十四載之後，現在接近結束。因為實驗過程中出現許多意外的誤差，航太總署二〇〇八年的年度預算不再支持重力場探測儀B號的研究，艾佛瑞特教授已遭裁員（但他仍是史丹福大學的教授）。雖然計畫停止，但數據分析仍在進行，估計需耗費數年才會有結果。馬雷特教授表示，分析結果出爐之前，實驗成敗尚無定論。

36（P.264）第一位捐款人是紐約作曲家兼商人大衛・津恩（David Zinn），他的父親威廉・津恩（William Zinn）是電影配樂大師亨利・曼西尼（Henry Mancini）旗下的編曲家。他們父子兩人一起到康大找我、汕德拉及基金的主任季福德（Frank Gifford）開會，這場會議猶如藝術與科學的跨領域高峰會議。

37（P.271）目前太空探險的主力是化學火箭。這一類火箭的優點是有強大的推力。可是，它們的速度尚嫌不足，使得前往遙遠行星的太空旅行會很花時間。目前列入考慮的其他火箭推進方式，縱然推力甚小，但能夠長時間燃燒，提供穩定的加速，最後達到極高的速度。靜電離子推進器是這類引擎的一個例子，這種引擎所排出的廢氣包括帶電的原子或離子束。典型的化學火箭進行一趟冥王星之旅，需要四十三年的時間。相較之下，離子火箭使用持續加速的方式，即使每秒只增加〇・〇〇〇〇三公尺／秒的速度，冥王星之旅僅需約三年半的時間即可完成。

人名

二～三畫

丁肇中（Samuel C. C. Ting, 1936-）美國華裔物理學家。因發現新型的重基本粒子，榮獲一九七六年諾貝爾物理獎

大衛・鮑伊（David Bowie）英國藝人，跨足流行樂壇與大銀幕

小山米戴維斯（Sammy Davis, Jr.）黑人明星，身材削瘦，娶了瑞典白人女星為妻

四畫

丹尼森（David Dennison, 1900-1976）發現質子自旋的科學家

尤瑟福（Ulvi Yurtsever）物理學家，索恩的學生

巴尼斯（Scott Bonis）馬凱特公司的研究員，鼓勵朗諾・馬雷特回大學完成學業

巴涅特（Lincoln Barnett）《宇宙與愛因斯坦博士》一書的作者

巴創（Ralph Bartram）康乃狄克大學物理系的前系主任

巴斯蓋特（John Bathgate）朗諾・馬雷特的高中電子學老師

戈特（J. Richard Gott, 1947-）普林斯頓大學的天文物理學教授

毛立（E. W. Morley, 1838-1923）美國科學家，嘗試測出光速

五畫

卡特（Brandon Carter, 1942-）澳洲物理學家

卡斯特（George Armstrong Custer, 1839-1876）美國騎兵軍官，領軍攻打蘇族，死於小巨角之役

卡魯扎（Theodor Kaluza, 1885-1954）德國數學物理學家

古爾德（Gordon Gould）獨自發展雷射，卻因有軍方資助的經費，而被摒除在自己的實驗之外

史瓦西（Karl Schwarzschild, 1874-1916）德國物理學家暨天文學家，見注釋 23

史托瓦利（William Stwalley）朗諾・馬雷特任教的康乃狄克大學物理系系主任

史耐德（Hartland Snyder）歐本海默的研究生

史密斯（Win Smith）康乃狄克大學物理系教授

布朗（Robert Brown, 1773-1858）英國植物學家，一八二七年觀察花粉顆粒而發現原子的「布朗運動」

布魯克斯（Michael Brooks）《新科學家》雜誌的編輯

弗瑞德・蘇（Fred Su）朗諾・馬雷特的第一位研究生，是華裔美籍人士

瓦特金（Charles Watkins）朗諾・馬雷特大學時的哲學老師

皮特森（Gerald Peterson）普惠飛機公司的理論物理學家

六畫

伏打（Allesandro Volta, 1745-1827）十八世紀的義大利物理學家

吉米・史都華（Jimmy Stewart, 1908-1997）美國電影演員，原名是詹姆斯・史都華（James Stewart），「吉米」是美國人對他的暱稱

托爾曼（Richard C. Tolman, 1881-1948）美國物理學家，曾任加州理工學院院長，見注釋 25

汕德拉・羅壽赫里（Chandra Roychoudhuri）與朗諾・馬雷特合作的實驗物理學家

米高・福克斯（Michael J. Fox）美國演員，電影「回到未來」男主角。後來因罹患帕金森氏症暫時息影，轉投入公益活動

米寇摩爾（Peter Michelmore）《愛因斯坦略傳》（*Einstein: Profile of the Man*）的作者

米麗娃・馬瑞可（Mileva Maric）愛因斯坦的第一任妻子

艾丁頓（Arthur Eddington, 1882-1944）以實驗證明，愛因斯坦對星光受太陽轉向的猜測，是正確的

艾弗雷特（Hugh Everett III, 1930-1982）美國物理學家，見注釋 2

艾佛瑞特（C. Francis Everitt, 1934-）史丹福大學的物理教授，見注釋 32

七畫

佛洛伊德（Sigmund Freud, 1856-1939）奧國心理分析學家及精神病學家

何夫曼（Banesh Hoffmann, 1906-1986）出生於英國的美國數學家暨物理學家

伯德尼克（Joseph Budnick）曾任康乃狄克大學的物理系主任

克里斯多夫・李維（Christopher Reeve, 1952-2004）美國電影演員，電影「似曾相識」男主角，一九九五年參加馬術比賽時發生意外，脊椎嚴重受傷，從此全身癱瘓

克里斯多夫・洛伊（Christopher Lloyd）美國演員，演出電影「回到未來」中布朗博士一角

克莉絲汀・拉森（Kristine Larson）朗諾・馬雷特的研究生，現在是中康乃狄克州立大學的物理及天文教授，見注釋24

克萊因（Oskar Klein, 1894-1977）瑞典物理學家

克爾（Roy P. Kerr, 1934-）紐西蘭數學家

希夫（Leonard Schiff, 1915-1971）史丹福大學物理學家

沙拉姆（Abdus Salam, 1926-1996）巴基斯坦物理學家，一九七九年諾貝爾物理獎得主

狄拉克（Paul Dirac, 1902-1984）英國理論物理學家，在一九三三年與薛丁格共同獲得諾貝爾物理獎

狄維特（Bryce DeWitt, 1923-2004）美國天文物理、理論物理學家，量子重力的主要創始人之一，提出惠勒—狄維特方程式

谷史（Alan Guth, 1947-）麻省理工學院物理教授，提出暴脹宇宙模型

貝比・魯斯（Babe Ruth, 1895-1948）美國大聯盟的傳奇球員

里希特（Burton Richter, 1931）與丁肇中共同榮獲一九七六年諾貝爾物理獎

八畫

亞當斯（Fred Adams）密西根大學的理論天文物理學家

拉塞福（Ernest Rutherford, 1871-1937）出生於紐西蘭的英裔實驗物理學家，一九〇八年諾貝爾化學獎得主，見注釋18

明可夫斯基（Hermann Minkowski, 1864-1909）原籍俄國的德籍數學家

波耳（Niels Bohr, 1885-1962）丹麥物理學，一九二二年的諾貝爾物理獎得主，見注釋1

法拉第（Michael Faraday, 1791-1867）英國物理學家兼化學家，見注釋16

法揚斯（Kasimir Fajans, 1887-1975）物理化學家

法蘭克・沙勒文（Frank Sullivan）約翰・沙勒文的父親

肯・佛萊（Ken Fry）朗諾・馬雷特第一任妻子桃樂賽的父親

芬克斯坦（David Finkelstein, 1929- ）美國理論物理學家，研究量子論及時空理論

金恩（Martin Luther King, Jr., 1929-1968）美國民權牧師

九畫

保羅・夏托克（Paul Shattuck）朗諾・馬雷特在空軍中最好的朋友

哈伯（Edwin Hubble, 1898-1953）美國天文學家

哈勒（Kurt Haller）康乃狄克大學的物理系教授

哈爾斯（Russell A. Hulse, 1950-）美國物理學家，與泰勒（Joseph H. Taylor）同獲一九九三年諾貝爾物理獎，見注釋21

奎羅茲（Didier Queloz, 1966-）瑞士天文學家

威廉斯（Julius Oscar Williams）朗諾・馬雷特的繼父，但馬雷特都稱他為畢爾（Bill）

安妮塔・威廉斯（Anita Williams）朗諾・馬雷特同母異父的小妹，為畢爾所出

威爾斯（H. G. Wells, 1866-1946）科幻小說家，見注釋3

施溫格（Julian Schwinger, 1918-1994）因量子電動力學的貢獻，獲得一九六五年諾貝爾物理獎。見注釋9

施爾普（Paul Arthur Schilpp）美國的教育家，編輯了《愛因斯坦：哲學家兼科學家》（*Einstein: Philosopher And Scientist*）一書

柯拉克（Ronald Clark）傳記作家，著有《愛因斯坦：生命與時間》（*Einstein: The Life and Time*）

查爾斯·史托爾斯（Charles Storrs）美國商人，與兄弟奧古斯都捐地給康乃狄克大學建校

玻恩（Max Born, 1882-1970）原籍德國的英國物理學家，對量子力學的研究有卓越貢獻，特別是對波函數的統計解釋，一九五四年諾貝爾物理獎得主

珍·西摩爾（Jane Seymour）美國電影演員，電影「似曾相識」女主角

珍奈特·惠勒（Janette Wheeler）物理學家惠勒的太太

科伯恩（Robert Colborn）編著《現代科學與技術》一書

約翰（Sajeev John）加拿大多倫多大學的科學家，與貝爾實驗室的傑伯諾維契，研究出光子晶體

約翰·沙勒文（John Sullivan）黑洞頻率的主人翁

范史托坎（W. J. van Stockum, 1910-1944）荷蘭物理學家，在英國愛丁堡大學拿到博士學位

英費爾德（Leopold Infeld, 1898-1968）波蘭物理學家

韋締亞（Prahalad Chunnilal Vaidya）印度物理學家，找到愛因斯坦重力場方程式的另一個解，可以描述正在快速蒸發的霍金黑洞，這個解因此稱為韋締亞解

十畫

倫澤（Joseph Lense）奧地利物理學家

哥頓·夫來明（Gordon Fleming）朗諾·馬雷特的博士班指導教授，現為賓州州立大學物理系的榮譽退休教授

哥德爾（Kurt Gödel, 1906-1978）原籍奧地利的美國數學大師

埃德蒙·格溫（Edmund Gwenn, 1877-1959）英國演員

朗諾·馬雷特（Ronald Mallett, 1945-）《時光旅人》的主人翁，這本書講的就是他的故事，也簡稱為馬雷特

博伊德·馬雷特（Boyd Mallett）朗諾·馬雷特的父親

桃樂西·馬雷特（Dorothy Mallett）朗諾·馬雷特的母親

桃樂賽·佛萊·馬雷特（Dorothy Fry Mallett）朗諾·馬雷特的第一任妻子

傑森·馬雷特（Jason Mallett）朗諾·馬雷特的大弟

基斯·馬雷特（Keith Mallett）朗諾·馬雷特的小弟

依芙·馬雷特（Eve Mallett）朗諾·馬雷特的大妹

莎拉（Sarah）朗諾·馬雷特的繼女

安德魯（Andrew）朗諾·馬雷特的繼子

格拉肖（Sheldon Glashow, 1932-）美國物理學家，一九七九年諾貝爾物理獎得主

泰勒（Joseph H. Taylor, 1941-）美國天文物理學家，一九九三年諾貝爾物理獎得主，見注釋21

海森堡（Werner Heisenberg, 1901-1976）德國理論物理學家，創立量子力學，於一九二七年提出「測不準原理」。一九三二年諾貝爾物理獎得主

海德格（Martin Heidegger, 1889-1976）德國哲學家，存在主義代表人物

索恩（Kip Thorne, 1940-）加州理工學院理論物理教授，見注釋22

紐康（Simon Newcomb, 1835-1909）約翰霍普金斯大學教授

馬克·西爾弗曼（Mark Silverman）康乃狄克州哈特福三一大學的物理教授

馬克士威（James Clerk Maxwell, 1831-1879）英國物理學家

十一畫

基特（Joan Geeter）曾任康乃狄克大學的助理副校長

基爾（Tepper Gill）霍華德大學的教授

康納（Parveen Khanna）曼徹斯特紀念醫院的心臟科醫師

梅布莉特（May Britt）小山米戴維斯的太太，是瑞典白人女星

梅亞（Michel Mayor, 1942-）瑞士天文學家，與奎羅茲最早觀測到太陽系外行星

梅曼（Theodore Maiman, 1927-2007）美國物理學家，設計出第一具可操作的雷射

莫爾（Ward Moore, 1903-1978）原名Joseph Ward Moore，美國小說家

麥克勞芬（Dan McLaughin）康乃狄克大學物理博士，曾任教於哈特福大學，四十多歲就因心臟病發過世

麥特森（Richard Matheson）美國小說家、編劇

十二畫

傑伯諾維契（Eli Yablonovitch）美國貝爾實驗室的科學家，與多倫多的科學家約翰研究出光子晶體

傑奇・古柏（Jackie Cooper）美國電影明星

勞倫茲（Hendrik Lorentz, 1878-1928）荷蘭物理學家，見注釋4

富而勒（Ethelyn Furrer）朗諾・馬雷特的高中代數老師

惠勒（John A. Wheeler, 1911-2008）美國物理學家，「黑洞」、「蛀孔」等名詞的發明人，見注釋20

提普勒（Frank J. Tipler）美國物理學家，提出可能旅行到過去的提普勒柱面

提爾森（Seymour Tilson）與惠勒同著〈時空動力學〉一文

湯姆森（Joseph John Thomson, 1856-1940）見注釋8

湯斯（Charles H. Townes, 1915-）美國物理學家，一九六四年諾貝爾物理獎得主，見注釋31

華克（Barry Walker）康乃狄克大學工程系的黑人學生

華格納（Richard Wagner, 1813-1883）德國歌劇作曲家，「諸神的黃昏」是他所作的歌劇「尼伯龍的指環」其中的一部

華特・馬修（Walter Matthau）美國電影明星

費米（Enrico Fermi, 1901-1954）原籍義大利的美國物理學家，一九三八年諾貝爾物理獎得主，也是世上第一次受監控核反應實驗的負責人

費克爾（Ida Ficker）朗諾・馬雷特大學時的德文老師

費曼（Richard P. Feynman, 1918-1988）美國物理學家，以費曼圖及路徑積分法詮釋量子電動力學，一九六五年諾貝爾物理獎得主。詳見注釋9

十三畫

奧古斯丁（St. Augustine, 354-430）北非主教兼哲學家，著有《懺悔錄》

奧古斯都・史托爾斯（Augustus Storrs）美國商人，查爾斯・史托爾斯的兄弟

奧瑪・珈音（Omar Khayyam, 1050-1122）波斯詩人，見注釋6

愛因斯坦（Albert Einstein, 1879-1955）原籍德國的美國理論物理學家，一九二一年諾貝爾物理獎得主

愛爾莎（Elsa Einstein）愛因斯坦的表姊，也是他的第二任妻子

漢斯（Hand Albert Einstein）愛因斯坦的長子

愛德華（Eduard Einstein）愛因斯坦的次子

愛倫坡（Edgar Allen Poe, 1809-1849）美國的詩人兼小說家

愛絲特（Esther Reynolds）朗諾・馬雷特的表姊

愛默生（Ralph Waldo Emerson, 1803-1882）美國哲學思想家

溫伯格（Steven Weinberg, 1933-）美國物理學家，一九七九年諾貝爾物理獎得主

瑟林（Rod Serling, 1924-1975）「陰陽魔界」的導演

蒂林（Hans Thirring）奧地利物理學家

葛羅斯曼（Marcel Grossman, 1878-1936）瑞士蘇黎世的數學教授，愛因斯坦的老朋友，也幫愛因斯坦學習張量微積分

葛利司華德（Doug Griswold）美國骨外科醫師，朗諾・馬雷特的朋友

葛拉瑟（Donald Glaser, 1926-）一九六〇年諾貝爾物理獎得主，見注釋26

葛勞伯（Roy Glauber, 1925-）美國物理學家，二〇〇五年諾貝爾物理獎得主，見注釋15

雷・布萊伯利（Ray Bradbury）科幻小說作者，著有《雷霆萬鈞》等書

雷納德（Phillipp Lenard, 1862-1947）原籍匈牙利的德國物理學家，一九〇五年諾貝爾物理獎得主，見注釋29

十四畫

瑪卓莉・季（Marjorie Gey）朗諾・馬雷特在大學交往的第一位女性朋友

蒲郎克（Max Planck, 1858-1947）量子論的開山鼻祖，一九一八年諾貝爾物理獎得主

赫克米勒（Karl Hakmiller）曾任康乃狄克大學研究生學院副院長、院長

十五畫

德西特（Wilhelm de Sitter, 1872-1934）荷蘭天文學家

摩里斯（Michael Morris）美國物理學家，索恩的學生

摩爾（C. L. Moore, 1911-1987）美國科幻與奇幻小說女作家

十六畫

歐本海默（Robert Oppenheimer, 1904-1967）曼哈坦原子彈計畫主持人

歐姆（Georg Simon Ohm, 1787-1854）德國物理學家，見注釋5

盧・賈里格（Lou Gehrig, 1903-1941）美國職棒選手，前洋基隊的一壘手，罹患肌萎縮性側硬化症而去世，因此這種疾病也稱為盧賈里格症

穆勒（Erwin Mueller, 1911-1977）出生德國物理學家，見注釋10

諾瑪・珍・貝克（Norma Jean Baker）瑪麗蓮夢露的本名

貓王（Elvis Presley, 1935-1977）美國搖滾巨星

賴文（Sumner Levine）

霍金（Stephen Hawking, 1942-）英國理論物理學家，把量子力學融合到黑洞理論之中

霍維茲（L. P. Horwitz）以色列特拉維夫大學的教授

駱德威（Judy Rodwell）朗諾・馬雷特的鋼琴老師

鮑立（Wolfgang Pauli, 1900-1958）原籍奧地利的瑞士理論物理學家，一九四五年諾貝爾物理獎得主

鮑伊（Ben Bowie）英國的紀錄片導演

鮑德溫（James Baldwin, 1987-1924）美國黑人作家

十七畫以上

薛丁格（Erwin Schrödinger, 1887-1961）奧地利理論物理學家，一九三三年諾貝爾物理獎得主

邁克生（A. A. Michelson, 1852-1931）原籍德國的美國物理學家，嘗試測出光速，一九〇七年諾貝爾物理獎得主

黛博拉・麥當諾（Deborah McDonald）朗諾・馬雷特的第二任妻子

薩根（Carl Sagan, 1934-1996）美國著名天文學家、科普作家，也是普立茲獎得主

龐卡赫（Henri Poincare, 1854-1912）法國數學家、物理學家

羅森（Nathan Rosen, 1909-1995）美籍以色列裔物理學家

羅德・泰勒（Rod Taylor, 1930-）澳洲出生的演員，主演由《時光機器》改編的「時空大挪移」

鐘斯・金柏祿（Jones Kimbrough）朗諾・馬雷特的表哥，他們一起上電子課，是朗諾・馬雷特透露時光機器計畫的人第一人

鐸伊奇（David Deutsch）牛津大學的物理學家，把宇宙的平行世界理論，應用在解決時光旅行的弔詭

電影、書名、論文、理論名稱

一～三畫

〈一個（3＋1）德西特空間內的位置算符〉（Position Operators in a (3+1) de Sitter Space）朗諾・馬雷特第一篇發表在學術期刊上的論文

「三十四街的奇蹟」（*Miracle on 34th Street*）聖誕電影，最早的版本是一九四七年推出的，後來重拍過好幾次

《下一次將是烈火》（*The Fire Next Time*）黑人作家鮑德溫的作品

四畫

瓦特區暴動事件（The Watts Riots）

《天文物理期刊》（*Astrophysical Journal*）物理期刊

「天降財神」（*The Man Who Fell to Earth*）描述到地球的外星人的科幻電影

《引達大赦之年》（*Bring the Jubilee*）一九五三年發行的小說，書裡的美國南北戰爭原本是由南方獲得勝利，但是靠著一位歷史學者回到過去，扭轉未來，才變成由北方獲勝

五畫

《古典名著選粹》（*Classic Illustrated*）朗諾・馬雷特小時候最愛的讀物，就是在上頭看到威爾森的《時光機器》，因此莫下想要打造時光機器的夢想

失蹤物質（missing matter）

布爾代數（Boolean Algebra）英國數學家布爾（George Boole）所創的代數法，可進行「及」、「或」、「非」邏輯運算的函數

〈正子理論〉（The Theory of the Positrons）費曼的論文

六畫

「回到未來」（*Back to the Future*）一九八五年推出的電影，是最成功的時光旅行影片

《存在與時間》（*Being and Time*）德國哲學家海德格的著作

宇宙常數（cosmological considerations）

《宇宙與愛因斯坦博士》（*The Universe and Dr. Einstein*）介紹愛因斯坦的書籍，巴涅特著，是朗諾・馬雷特的時光旅行啟蒙書籍之一

〈收穫季節〉（*Vintage Season*）科幻短篇故事，描述時光旅行觀光客的故事

七畫

「似曾相識」（*Somewhere in Time*）一九八〇年代的文藝浪漫電影，描述一段超越時光的戀情

〈克爾度規對電磁波偏振面的效應〉（The Effect of the Kerr Metric on the Plane of Polarization of an Electromagnetic Wave）朗諾・馬雷特與研究生弗瑞德・蘇共同發表的論文，一九八〇年六月於《天文物理期刊》登出。這也是朗諾・馬雷特指導研究生所發表的首篇論文

《我當然能》（*Yes I Can*）小山米戴維斯的自傳

「男孩與狗」（*A Boy and His Dog*）敘述人類浩劫餘生的科幻電影

坐標系拖曳效應（frame dragging effect）

八畫

〈依據量子論之輻射的發射與吸收〉（Emission and Absorption of Radiation According to the Quantum Theory）愛因斯坦在一九一六年發表的論文，是雷射理論得以發展出來的關鍵

《怪誕科學奇想》（*Weird Science Fantasy*）漫畫叢書

《雷霆萬鈞》（*A Sound of Thunder*）《怪誕科學奇想》叢書的第二十五冊

《物理通訊A》（*Physics Letters A*）物理期刊

《物理評論》（*Physical Review*）物理期刊

《物理評論通訊》（*Physical Review Letters*）物理期刊

《物理學基礎》（*Foundations of Physics*）物理期刊

九畫

「星艦迷航記」（*Star Trek*）經典的科幻影集

「永恒的邊城」（*The City on the edge of Forever*）「星艦迷航記」裡的一集

《相對論、熱力學及宇宙學》（*Relativity, Thermodynamics, and Cosmology*）物理學家托爾曼所著的經典教科書

《相對論原理》（*Principle of Relativity*）

《相對論、群論及拓樸學》（*Relativity, Groups and Topology*）

〈重力場的克爾黑洞的總體結構〉（Global Structure of the Kerr Family of Gravitational Fields）物理學家卡特的論文，提到旋轉黑洞的封閉類時間線

《科學美國人》（*Scientific American*）美國的科普雜誌

十畫

祖父弔詭（Grandfather Paradox）

時序保護假說（Chronology Protection Hypothesis）物理學家霍金提出的假說，認為物理定律會用某種方式，防止時光機器運作成功

《時光機器》（*Time Machine*）威爾斯的經典科幻小說，朗諾・馬雷特就是看了這本書，才下定決心研讀科學，破解時光旅行之謎

「時空大挪移」由《時光機器》改編成的電影，一九六〇年發行

時間膨脹效應（time dilation effect）

〈烏鴉〉（The Raven）愛倫坡的詩作，朗諾・馬雷特十五歲時就能完整背誦

十一畫

「第九空間」（*The Outer Limits*）科幻影集

「從未出生的人」（*The Man Who Was Never Born*）「第九空間」中，講時光旅行的一集

「陰陽魔界」（*Twilight Zone*）經典的科幻電視影集

「第七號是幽靈造成的」（*The 7th Is Made of Phantoms*）「陰陽魔界」中的一集

《接觸未來》（*Contact*）這是薩根所寫的一部經典科幻小說，後來拍成同名電影

〈旋轉柱面與總體因果違逆的可能性〉（Rotating Cylinders and the Possibility of Global Causality Violation）提普勒一九七四年發表在《物理評論》的論文，指出旅行到過去的可能性

《現代科學與技術》（*Modern Science and Technology*）柯伯恩主編的書

〈時空動力學〉（The Dynamics of Space Time）《現代科學與技術》中，惠勒與提爾森兩人的共同著作，解說了時間與空間如何受物體彎曲，也解釋時空是可以展延的

〈蛀孔、時光機及弱能量條件〉（Wormholes, Time Machines, and the Weak Energy Condition）一九八八年，索恩、摩里斯及尤瑟福發表於《物理評論通訊》的論文，提出以蛀孔當作時光機的想法

十二畫

《喚回時光》（*Bid Time Return*）麥特森（Richard Matheson）所寫的科幻小說，是電影「似曾相識」的原著

「循環光束的重力場」（The Gravitational Field of a Circulating Light Beam）朗諾・馬雷特時光旅行理論的下半部，發表在《物理學基礎》上

「惑星歷險」（*Forbidden Planet*）一九五〇年代科幻電影經典

測不準原理（uncertainty principle）

《費曼物理學講義》（*Feynman Lectures on Physics*）物理課本的經典，中文版由天下文化出版

《量子的故事》（*The Strange Story of the Quantum*）何夫曼所寫的科普書，中文版由凡異出版

《量子電動力學論文選集》（*Selected Papers on Quantum Electrodynamics*）

「黑洞頻率」（*Frequency*）二〇〇〇年發行的時光旅行電影

十三畫

《想法與觀點》（*Ideas and Opinions*）愛因斯坦的散文集

《愛因斯坦：哲學家兼科學家》（*Albert Einstein: Philosopher-Scientist*）愛因斯坦的傳記之一

愛因斯坦—英費爾德—何夫曼問題（Einstein-Infeld-Hoffman (EIH) problem）

《愛因斯坦略傳》（*Einstein: Profile of the Man*）愛因斯坦的傳記之一

暗物質（dark matter）

〈運動中的成對宇宙弦所產生的封閉類時曲線：精確解〉（Closed Timelike Curves Produced by Pairs of Moving Cosmic Strings: Exact Solutions）一九九一年，戈特在《物理評論通訊》發表的論文，主要是關於宇宙弦時光機

《雷射是如何產生的》（*How the Laser Happened*）一九六四年諾貝爾物理獎得主湯斯的自傳

《電子的量子物理》（*Quantum Physics of Electronics*）賴文（Sumner N. Levine）所寫的教科書

〈電磁輻射的弱重力場與環形雷射〉（Weak Gravitaional Field of theElectromagnetic Eadiation and a Ring Laser）二〇〇〇年五月八日，朗諾・馬雷特發表在《物理通訊A》的論文，是他在時光旅行研究上的第一項突破

《新科學家》（*New Scientist*）英國的科普雜誌

十四畫

〈對稱破缺與重力場〉（Symmetry Breaking and the Gravitational Field）朗諾・馬雷特的第一篇「獨自掛名論文」，一九七六年五月發表於《物理評論》期刊

「碧血長天」（*The Final Countdown*）描述一艘現代的航空母艦穿越時空，回到第二次世界大戰日本偷襲珍珠港前夕的電影

「豪邁王子」（*Prince Valiant*）描述圓桌武士故事的電影

〈廣義相對論的宇宙學思維〉（Cosmological Considerations on the General Theory of Relativity）愛因斯坦在一九一七年發表的論文

十五畫

〈德西特宇宙中時間反轉與時空對稱之間的耦合〉（Coupling between Time Reversal and the Space-Time Symmetries of the de Sitter Universe）朗諾・馬雷特第二篇發表的論文，發表在《物理評論》上

《數學物理期刊》（*Journal of Mathematical Physics*）物理期刊，朗諾・馬雷特發表的第一篇論文，就是刊登在這個期刊上

〈暴脹宇宙中蒸發黑洞的演化〉（Evolution of Evaporating Black Holein an Inflationary Universe）朗諾・馬雷特一九八六年發表的論文，證明了宇宙暴脹會使霍金黑洞的輻射減少

「蝴蝶效應」（*The Butterfly Effect*）二〇〇四年的科幻電影，描寫一個年輕人擁有回到過去時光的能力，他想改變過往。但是，每一回他改變過去，卻讓未來的後果變得愈來愈糟

〈論持續性的重力收縮〉（On Continued Gravitational Contraction）歐本海默與他的研究生史耐德在《物理評論》期刊上發表的論文，最早預測出黑洞的存在

十六畫以上

〈輻射與偽真空泡動力學〉（Radiation and False-vacuum Bubble Dynamics）朗諾・馬雷特的研究生克莉絲汀・拉森與朗諾・馬雷特一九九一年發表在《物理評論》上的論文，顯示蒸發黑洞在產

生子宇宙的過程中，輻射率的確會發生顯著的變化

〈隱藏於德西特空間中的輻射韋締亞度規〉（Radiating Vaidya Metric Imbedded de Sitter Space）朗諾．馬雷特一九八五年發表在《物理評論》期刊上的論文，把宇宙常數結合到韋締亞解的方程式中

〈類時反射：時間反轉與龐加來群之間的耦合〉（Timelike Reflection: The Coupling between Time Reversal and the Poincaré Group）夫來明的論文，朗諾．馬雷特就是看到這篇論文，才有興趣跟他做研究

《懺悔錄》（*The Confessions of St. Augustine*）

顯式協變性（manifest covariance）

孿生子弔詭（twin paradox）

機關、計畫名稱

三～七畫

三角洲二號火箭（Delta II rocket）

休斯研究實驗室（Hughes Research Laboratory）

休斯飛機公司（Hughes Aircraft）

技術研究社（Technical Research Group, TRG）

九畫

洛克玻恩空軍基地（Lockbourne Air Force Bas）

范登堡空軍基地（Vandenberg Air Force Base）

軍事科技規劃作業（Tempo）Technical Military Planning Operation的縮寫，美國奇異公司軍事科技研究的智庫

重力場探測儀B號（Gravity Probe B, GP-B）

十畫

旅行家保險公司（Travelers Insurance Company）

馬凱特公司（Markite Corporation）朗諾．馬雷特輟學後第一個工作的公司

高級研究計畫署（Advanced Research Projects Agency, ARPA）國防高級研究計畫署的前身

國防高級研究計畫署（Defense Advanced Research Projects Agency, DARPA）

國家科學基金會（National Science Foundation, NSF）簡稱國科會

國家研究委員會（National Research Council）屬於美國國家學院（National Academies）的機構

國際相對論性動力學學會（International Association for Relativistic Dynamics (IARD)）

航空暨太空總署（National Aeronautics and Space Administration, NASA）簡稱航太總署

基斯勒空軍基地（Keesler Air Force Base）

第三屆相對論性動力學雙年會（Relativistic Dynamics Third Biennial Conference）二〇〇二年朗諾．馬雷特在這個會議中，正式公布時光旅行研究

被光扭曲的時空（Space-time Twisting by Light, STL）馬特雷的時光機器計畫名稱

十二畫以上

「搜尋地球外智慧」計畫（Search for Extraterrestrial Intelligence）簡稱ＳＥＴＩ，搜尋宇宙中來自地球外文明的無線電信號的計畫

普惠飛機公司（Pratt & Whitney Aircraft）屬於聯合科技旗下的一個子公司

萊克蘭得空軍基地（Lackland Air Force Base）

〈量子力學的艾弗雷特詮釋〉（The Everett Interpretation of Quantum Mechanics）

霍華德大學（Howard University）位於美國華盛頓特區的大學，第三屆相對論性動力學雙年會舉辦的地方

聯合科技公司（United Technologies）美國的工業公司，最早成立時稱為聯合飛機研究實驗室（United Aircraft Research Laboratory）

國家圖書館出版品預行編目資料

時光旅人 / 馬雷特(Ronald L. Mallett), 韓德森(Bruce Henderson)著；
陳可崗譯. -- 第一版. -- 臺北市：遠見天下文化, 2008.05
面； 公分. -- (科學文化；131)

譯自：Time Traveler : a scientist's personal mission to make time travel a reality

ISBN 978-986-216-127-2(平裝)
1. 馬雷特(Mallett, Ronald L.) 2. 傳記 3. 物理學 4. 科學家 5. 美國

330.9952 97007817

|科學文化 131A|

時光旅人

原　著／馬雷特、韓德森
譯　者／陳可崗
策 畫 群／林和(總策畫)、牟中原、李國偉、周成功
總編輯／吳佩穎
編輯顧問／林榮崧
責任編輯／林文珠、徐仕美
美術編輯暨封面設計／李健邦

出 版 者／遠見天下文化出版股份有限公司
創 辦 人／高希均、王力行
遠見・天下文化・事業群 董事長／高希均
事業群發行人／CEO／王力行
天下文化社長／林天來
天下文化總經理／林芳燕
國際事務開發部兼版權中心總監／潘欣
法律顧問／理律法律事務所陳長文律師　著作權顧問／魏啟翔律師
社　址／台北市104松江路93巷1號2樓
讀者服務專線／02-2662-0012 傳真／02-2662-0007；2662-0009
電子信箱／cwpc@cwgv.com.tw
直接郵撥帳號／1326703-6號 遠見天下文化出版股份有限公司

製 版 廠／東豪印刷事業有限公司
印 刷 廠／中原造像股份有限公司
裝 訂 廠／中原造像股份有限公司
登 記 證／局版台業字第2517號
總 經 銷／大和書報圖書股份有限公司 電話／02-8990-2628
出版日期／2021年8月12日第二版第1次印行

書　號／BCS 131A
定　價／350元
原著書名／Time Traveler :
A Scientist's Personal Mission to Make Time Travel a Reality

ISBN: 4713510942734　英文版ISBN:978-1-56025-869-8

天下文化官網 bookzone.cwgv.com.tw

天下文化

BELIEVE IN READING